专注是一个了解自我的过程，我们需要通过探索自我，确定想专注于实现的目标；专注也是一个不断解决问题的过程，在遇到阻碍时，我们需要运用各种工具，让自己始终向目标前进。我们不仅仅要知道专注力，更重要的是能够把它变成我们的行动。

—— 郭曼文（小艾老师），《专注力》导读人，学习科学专家，启元未来教育科技创始人

让我们与郭曼文老师
一起打开专注力的大门

扫描二维码，
免费获取精彩导读视频和音频

思考力
丛书

Focus

Use the Power of
Targeted Thinking to
Get More Done

Second Edition

专注力

化繁为简的惊人力量

（原书第2版）

[英] 于尔根·沃尔夫（Jurgen Wolff）著
朱曼 译

机械工业出版社
CHINA MACHINE PRESS

图书在版编目（CIP）数据

专注力：化繁为简的惊人力量：原书第 2 版 /（英）于尔根·沃尔夫（Jurgen Wolff）著；朱曼译 . —北京：机械工业出版社，2023.11（思考力丛书）

书名原文：Focus: Use the Power of Targeted Thinking to Get More Done, Second Edition

ISBN 978-7-111-73906-7

Ⅰ.①专… Ⅱ.①于… ②朱… Ⅲ.①注意 – 能力培养 – 通俗读物 Ⅳ.① B842.3-49

中国国家版本馆 CIP 数据核字（2023）第 184507 号

机械工业出版社（北京市百万庄大街 22 号　邮政编码 100037）
策划编辑：向睿洋　　　　　　　责任编辑：向睿洋
责任校对：韩佳欣　　张　征　　责任印制：单爱军
北京联兴盛业印刷股份有限公司印刷
2023 年 11 月第 1 版第 1 次印刷
130mm × 185mm · 8.625 印张 · 2 插页 · 163 千字
标准书号：ISBN 978-7-111-73906-7
定价：79.00 元

电话服务　　　　　　　　网络服务
客服电话：010-88361066　机　工　官　网：www.cmpbook.com
　　　　　010-88379833　机　工　官　博：weibo.com/cmp1952
　　　　　010-68326294　金　书　网：www.golden-book.com
封底无防伪标均为盗版　　机工教育服务网：www.cmpedu.com

　　如果这世上有人需要专注且有效的时间管理技巧，毋庸置疑，这人一定是杰克·鲍尔（Jack Bauer）。他的生活就像铆足劲儿的时钟发条，他的每年每天每小时都要争分夺秒地用来拯救世界。截至此时，他已经成功了8次，但事实却是一年比一年更艰难，至少他是这样告诉我的。

　　作为一名电视撰稿人和制片人，我不必去拯救世界（世界的万幸），但和其他人一样，为实现自己的长期目标，每天我都要花一定的时间来完成一些必要的工作。正如于尔根·沃尔夫所说，实现目标的要诀是专注。

　　就电视节目的制作过程而言，当第一集处于拍摄过程中时，第二集就应该处于编辑阶段，第三集应该处于评审中，第四集故事应该已经编成，第五集故事情节应该正在修改，第六集应该正在进行构思和选角……好了，你该明白这个过程是怎样的了。每天每刻决定从何处以及如何配置自己的精力无疑是通往成功的唯一路径。本书将帮助你找到这条路径，更重要的是，会帮助你沿着这条路一直向前。

本书包含了解决时间管理问题的众多见解和最新方法。其中有些观点我个人非常喜欢，比如将80/20法则运用于你的生活（而不是在公司中）；如何认知你可能尚未发觉的有害行为模式；如何运用你已有的力量，从而帮助你取得更大范围的成功。我还可以再说出一些，但当你翻阅本书时，你可能很快就会说出自己喜欢的部分。

简而言之，本书确实名副其实，我的办公室里就有一本。下次再见到杰克·鲍尔，我想我会送他一本，希望他能有时间读一下这本书。

鲍勃·科克伦（Bob Cochran）

美剧《反恐24小时》节目监制及主创人之一

专注的建立将怎样改变你的人生

你是否有过这样的沮丧经历，你知道自己的事业和人生其实可以比现在更成功，但无论你如何努力，好像就是没法实现这个目标。有时你是否会因为时光不断流逝，你却无法充分释放潜力而生自己的气？你明白自己想要怎样的生活，但你却不清楚如何才能过上那样的生活。

如果这些话听起来耳熟，那么你来对地方了。本书不是关于"什么"，而是关于"怎样"。你可能已经知道你想从生活中得到些什么（如果你还不知道，本书的第一部分会帮你理清思路，明确你的目标），或许你脑中的大问题是："怎样从这里到达那里？"

这一改变需要专注，不过实际情况却好像是整个世界都串通好了要一直阻碍你拥有那种专注。如果你注意力分散、无法集中精力，那是再正常不过的事。在清醒的每一刻，你忙于应付来自外界的各种干扰，这会儿你的注意力被铺天盖地的广告占据，下一秒你的注意力可能就被父母或同事的期望所占据，你所设定的那些目标，那些无论你如何努力都无法实现的目标像鬼魂一样反反复复纠缠着你。不仅如此，大家还希望你能做到24/7（一天工作24小时，每周工作7天），于是你连一丁点儿可以用来进行反思的时间都没有了。在这种情况下，如果你还能集中精力做到专注，那简直是奇迹。

好了，现在准备好给自己和别人一个惊喜吧！

本书将带你一步一步地经历这个过程：决定你真正想要的，找出过去失败的原因，弄清你时间利用中的干扰性因素（以及如何处理这些干扰），从而学会克服这些阻碍绝大多数人取得成功的因素。最后，本书将教会你怎样综合这些信息形成一个规划，在你日后为自己设立新的目标时，你可以重复运用这个规划来帮自己实现目标。本书中所揭示的方法会自然而然地成为你的习惯，并引导你到达成功，你将会越来越轻松地做到专注。

书中的很多技巧都是前所未有的。这些技巧是在以往老旧的方法已经不再有效的基础上诞生的，尤其是对于右脑型人群而言。传统的时间管理技巧是在工业时代发展初期出现的，这一时期的技巧主要是帮助人们在进行重复性劳作时能够更加有效率。在现今这种信息无处不在的条件下，运用这些过时的技巧只会造成在多项任务中手忙脚乱、四下救火的情形，结果只会是事倍功半。

如果你曾经尝试过使用那些传统的时间管理技巧，结果发现这些技巧非常耗时，局限性非常大，并且根本没什么效果，那你很有可能就是一位右脑型人才。如果你喜欢多样性且直觉很准，你喜欢迎接新的挑战但又讨厌陷入旧路，那么本书完全就是为你专门定制的。

如今，人们需要的是创造力、灵活的变通能力以及做出正确选择的能力。本书将告诉你如何认清最重要的事情以及如何让你的精力集中，并投入到引导你取得成功的任务中去。我知道这些技巧会奏效，因为它们在我本人以及其他成百上千参加了我所举办的"创建你的未来"讲座的人们身上都有效。我敢说，你一定会喜欢使用这些突破性技巧，比如利用"第二自我"策略在规定时间内完成任何任务，或者利用大规模行动日（massive action day，MAD）策略快速解决进展缓慢或者让人感觉进退两难的项目。你将要体验的，正是这样一条捷径。

也许你以前曾经听说过 80/20 法则，但你很可能并不知道怎样把这一法则运用到你的工作和个人生活中。通过专注于生活中会给你带来最大价值的 20%，你的成功概率将以指数方式增长，你将在第 1 章中学到这些内容。

在第 2 章中，你将把前面所学到的内容转化为一个令人振奋的巨大目标，但在此之前，你一定要找到那个会让绝大多数目标无疾而终的陷阱并避开它。

在第 3 章中，你将了解时间模式如何奏效，你的时间模式如何阻碍你取得原本可以实现的成功。你还会了解怎样使用更有效的时间模式。

你是否曾经注意到明白下一步要做什么非常简单，而真正去做这件事却又无比困难？第 4 章揭示了阻止绝大多数人实现目标的那些潜在的障碍。正是这一拦路虎使人们无法坚持去健身房健身，摧毁了人们学习新语言或新技能的决心。你将会发现一个右脑适用策略，在困难每次出现时，你都可以依靠这一策略克服困难。

如果你一直都专注于自己的弱点而不是强项，那么你已经在无意中阻碍了自己的进步。在第 5 章中，你会发现将注意力集中在优点上是所有伟大成功者之间公开的秘密，并且通过这一章，你将会找到做到这一点的方法。

拖延是专注最大的敌人。如果你想要战胜拖延这个敌人，答案就在第 6 章。

如果你曾经在做一些重要的事情时因为心情不好而拖拖沓沓，第 7 章所描述的开创性"第二自我"策略将释放你的生产力。一旦开始使用这一策略，你便能立刻改变自己的工作效率。

尽管自我专注非常重要，但你也需要依靠他人和你进行合作。第 8 章将告诉你如何设置界限，怎样对他人说不，以及怎样对他人进行管理，从而可以让其在实现自我目标的道路上助你一臂之力。

第 9 章深入说明了一些运用语言的具体技巧，揭示了为什么很多对话无疾而终以及如何将这些失败的对话转变成有说服力的沟通。你将了解如何识别他人的语言模式以及如何使用这种语言模式与他人建立融洽良好的沟通氛围。另外，还有一些方法，包括重新架构、调整与引导、利用比喻和故事。

接下来的几章提到了创造力和生产力最强有力的敌人：超负荷信息量（第 10 章）、"文"山"文"海（第 11 章）、"邮件怪兽"（第 12 章）、没完没了或不相干的会议（第 13 章）以及截止日期和处理多项任务的需要（第 14 章）。对于以上提到的每一项，你都能找到对应的解决措施。

事业的发展给你带来的不仅有压力，也有回报，第 15

章将告诉你怎样冷静、放松并灵活地使自己保持专注。

在第16章中，你将看到其他人是怎样把这一切综合起来形成一个行动计划，从而实现他们所梦想的目标的。

在第17章中，你将找到这样一个引导你通过同样的方式取得成功的计划。第17章重述了所有章节的要点，并引导你通过这一方法最终实现自己的目标。当你为生活中的各个方面设立新的目标时，你可以一次一次地重复使用这一计划。

你将开始一段伟大的冒险，这是一段最终实现你所等待的并且该得到的成功的冒险。让我们出发吧！

[目　录]
CONTENTS

序

导言

PART 1

1

第一部分

找到专注的焦点

第 1 章

如何专注于至关重要的 20%

　　如果我告诉你，只要你把更多时间和精力专注于你已经在做的一些事情，你就有能力彻底改变你的人生，可以完成更多的事，赚更多的钱，享受更多的成功，你会怎么看？这是真的，这种说法是根据一条已经存在了近 100 年的著名原理得来的。只不过，大多数人都因为某个简单却又隐藏不见的障碍而无法使用这个方法。这就像是一个充满宝藏的洞穴，从入口处能够很容易看到里面闪闪发光的宝石和金子在召唤着你，但只有千分之一的人能成功地进入洞穴深处获取这些财宝。

　　本章将告诉你这一原理是什么以及它在你的生活中如何奏效，本书的其余部分将提供给你所需的工具和技巧，从而帮助你克服那些让大多数人碌碌无为的障碍，这些人之所以无法突破成就的一般水平，正是因为他们无法将这一原理运用于实践。我保证只要你坚持运用这一原则，它一定会使你的生活发生巨大改变，它会使你的生活变得越来越好。

帕累托法则（Pareto's Principle）

经济管理思想家约瑟夫·M. 朱兰（Joseph M. Juran）提出这一理论，并最终以意大利经济学家维尔弗雷多·帕累托（Vildredo Pareto）之名进行命名。维尔弗雷多·帕累托发现意大利20%的人拥有全国80%的收入，他随后在其他国家也开展了类似的调查。研究结果发现，这些国家的收入分配均呈现相似的情形（在某些国家，财富甚至集中在更小比例的人手中）。最终，他的发现成为了商业社会的一条经验法则。例如，20%的客户人群贡献了80%的销售额。

80/20 法则

你可能在某一时刻已经遇到过80/20法则，也就是众所周知的"帕累托法则"。它的核心思想是，你的80%的收益或价值其实仅来源于20%的努力。

大多数办公室白领都能很容易地验证这一现象。每天的8个小时工作时间里，很可能只有一个半小时的工作才会真正有所回报，这就是那 20%。这很可能包括为开发一种新产品或新的服务类型作决定、创建新的优先顺序或目标、指导他人工作等。其余的 80% 可能包括一些含金量比较低的活动，比如整理邮件、出于礼貌而参加的一些与你关系不大的会议、做一些微不足道却又很紧急的小事、拒绝一些向你推销不适合你的产品或服务的推销员，或是接听一些和工作关系不大的闲聊电话。

> **费时的同事**
>
> 你有没有这样的同事，他们花了你 80% 的时间却只给了你不到 20% 的回报（不论你怎么定义）？是时候重新分配他们接近你的机会了，把更多的时间放在那些能带来更多回报的人身上。

同样的规则通常也适用于产品上。许多公司都有非常庞杂的产品线，如果他们对其利润来源进行分析，就会发现这些利润其实来自相对很少的产品。这很可能是因为这些产品的销量很大或者其利润最高。

服务行业可能拥有很多的客户，但大部分的利润其实来源于相对较少的一些客户。他们很可能还发现 20% 的客户提出的费时的问题、细枝末节的抱怨以及在最后时刻做的变动占了总体时间的 80%。值得注意的是，提供最大价值的这 20% 通常并不是制造最多问题的 20%。商人发现放弃那些最难缠的客户能使他们解脱出来赚取更多的钱，更别提因此而无须再承受的巨大压力和内心的愤怒。

这一准则甚至还可以运用在家庭生活的某些方面。很可能你 80% 时间里的穿着只是衣橱中衣物的 20%，家中 80% 的磨损只是出现在 20% 的地毯身上。很可能你和配偶或伴侣 80% 的争执都源自你们意见有分歧的全部话题的 20%（对于大多数夫妇而言，这些问题一般是金钱、谁来做家务以及养育孩子等问题）。

消除 20% 的消极力量

目前我们所说的大多是些能带来积极结果的行动，而 80/20 法则同样适用于消极的事情之中。比如，80% 的犯罪事件是由 20% 的罪犯所为，这就是纽约"零忍受"（zero tolerance）政策能够见效的原因。事实证明，街头所抓获的那些犯小事的人都曾有过大罪的犯罪记录。

举个常见的负面商界案例：在我们和某家公司或者某种产品的接触中，遭遇一位行事粗鲁或毫无头绪的客服代表可能只占到很小的比例，但这就足以改变我们对于该公司的整体印象。

在个人生活中，有时候我们在 20% 或更少时间里做的事，造成了我们 80% 的不开心。比如说，有人和配偶只用了很少的时间争吵，但可能正是这次争吵造成了日后很多的不愉快。

自然，对于消极举措，我们应该尽量减少而不是增加这20%。因此，在大多数情况下，最好的策略就是做一些能够给我们带来正面效果的事情，从而让消极的事情无处立足。那些过着真正多产的、快乐人生的人常常会对他们曾经肆意放任的消极行为失去兴趣。

专注于积极事件为什么重要

《改变你看待事物的方式》（*Change the Way You See Everything*）一书的作者、心理学家凯瑟琳·D. 克拉默（Kathryn D. Cramer）指出，80% 的时间里我们都在关心哪些事情没做好，而研究表明，将注意力集中在我们做好了什么上才是加速进程的关键。那么我们为什么要关注这些消极的方面呢？因为我们被训练成这样。她指出，在三四岁之前，不管我们做什么事情，大人们都会给我们掌声和称赞。但是等到我们上学以后，他们专注的焦点开始变成我们都做错了什么，这种状态在我们以后所接受的教育阶段一直存在。

你可以选择你要考虑的东西，将 80% 的注意力集中在你的优势上，集中在日常生活中做得比较好的事情上以及你的潜能上，这种做法会更加有效。

如果你已经习惯于强调消极的事情，那么想要改变这个习惯就需要花些时间了，不过还是有些方法可以帮你转到更积极的方向上来。

- 每天早上醒来的时候，花一两分钟想想生命中值得感激的事情。同时，想一想这一天你所期待的事情。

- 在一天当中，当有事情进行得很好的时候，花点时间把它记下来。这些事情并不一定要是什么大的成就，可能只是你处理得非常得当的一通电话或者你回答同事的一个问题。这听起来也许很琐碎，但是想想，你一天中会注意到多少消极的小事？花些时间注意这些积极的东西，这可以帮你在思想上达到某种平衡。

- 同样，注意其他人所做的积极而有价值的事情，花点时间去赞美他们所做的事。糟糕的项目经理常常只会记住下属犯错的时候，而优秀的项目经理则懂得培训员工的最好方式是强化他们的有效行为。

- 夜晚时分，简要回顾一下当天发生的事情。积极和消极方面的事情都要想一想，想想从这些事情中你都学到些什么。如果这天确实有很不好的事情发生，那么下一次在遇到类似情况时你要怎么处理呢？那种有关个人发展的说法，什么"人生没有错误，有的只是不同的经历"这种话听起来不免有些幼稚，但其中确实有一丝真理的成分。

　　你的这种思维方式上的改变可能实际上会成为实施 80/20 法则最重要的方面，因为如果不首先改变消极的态度，你是很难改变那些消极行为的。

　　让我们看看通过关注最有价值的 20%，你的职业生涯能发生多大的改变。

工作中你需要关注的积极的 20% 是什么

　　花点时间想想 80/20 法则可以怎样运用到你的工作中。在工作周中，你所做的最多产的事情是什么？

　　现在大概估算一下，你有多少时间是真正花在做这件事情上。我曾经对很多人问过这个问题，包括行政人员、艺术家、儿童节目喜剧人员、教师、医生，基本上这些人都说他们只花费了 10%～20% 的时间做这些最有产出性结果的事情。当然这也就表明，他们的大多数时间都花在一些产出性很少的事情上。这个事实解释了为什么如此多的人总是无法摆脱平庸的境地，我们大多数人都在浪费自己的宝贵时间。

80/20 法则的寓意很简单，它几乎可以运用于一切场合。如果你能够在关键的 20% 事项上花费更多的时间，那么你就可以更多产（并且很有可能赚到更多的钱）。

简化你的工作空间

你可以对你的工作环境运用 80/20 法则。你工作中 80% 的时间都会需要的物品（例如订书机、目前正在执行项目的文件夹、胶带等）是否在唾手可得的位置，或者你的办公桌上是否堆满了你在平时工作中连 20% 的时间都不大可能用到的东西？根据实际情况对这些物品进行重新摆放。

这个过程也很简单：确认你最重要的 20% 工作事项，更多地重复这 20% 的工作，这当然就意味着，少做那些不太有利的 80%。稍后我们会提到远离那些不太有价值行为的最佳途径。

"找到你最重要的 20% 的工作，多做这些工作。"

先来看看你目前正在做些什么。在下面的横线上写出你工作时会做的十项任务或活动。当然，从事不同职业的人所给出的答案千差万别，但这里面可能会包括写报告、参加会议、拨打销售电话或者浏览网页了解相关新闻。这十项任务不要写成你的工作描述或者你打算做的事情，而要是你工作时间中确实会去做的事。

目前占据你工作时间的十项任务：

1. _____ （　%）

2. _____ （　%）

3. _____ （　%）

4. _____ （　%）

5. _____ （　%）

6. _____ （　%）

7. _____ （　%）

8. _____ （　%）

9. _____ （　%）

10. _____ （　%）

现在，对你所列出的这十项任务，分别写出它们在你工作时间中所占据的比重。如果你所做的事情远不止十件之多，那么你的比率总数就无法达到100%，你也不用像个完美主义者，一定要把所有比率计算准确，只要合理地猜测就好。如果你想更准确，那你可以用计算器。比如说你一周工作 40 个小时，你花了 3 个小时做第一项工作，那么就用 3 除以 40，结果得到 7.5%，那么这个数值就是你在这件事情上所花费时间的比重。

在下面的空白处，写下你工作时所做的三件最有价值的事情，也就是帮你取得更多金钱或者代表你所做出的最大贡献。这些事情可能已经包含在你以上的清单内，又或者它们中的某个或多个根本不在你做得最多的十件事清单中，因为这些事情实在占据了太少的时间。

工作中最能增加价值的三件事情：

1. _____（　%）

2. _____（　%）

3. _____（　%）

现在估算下你在这三件事情上花费了多少时间。理想状态是这三件最有价值的事情占据你工作时间中最大的三块，但实际情况往往并非如此。不过别担心，用不了多久你就能了解一种方法，这种方法将教会你如何改变对于时间的利用方式，而这将会彻底引导你走向快速成功。

休闲时间中你最关注的 20% 是什么

现在对你日常生活中常做的事情排一个类似的清单，看看帕累托法则在你的个人生活中是怎样起效的？在下面写出你工作之余所做的十件（或者更少）事情（睡觉和吃饭除外）。同样，不同的人所给出的内容也千差万别，但是可能会包括看电视、阅读、运动健身或者去影院看电影。在这个清单里，只列出你确实会做的事情，比如，你可能会对去剧院或者博物馆感兴趣，但是除非这些事情确实是你空闲时最常做的十件事，否则就不要写它们。

目前空闲时，你最常做的十件事：

1. _____（　％）
2. _____（　％）
3. _____（　％）
4. _____（　％）
5. _____（　％）
6. _____（　％）
7. _____（　％）
8. _____（　％）
9. _____（　％）
10. _____（　％）

跟之前一样，估算下这些事情在你空闲时光里所占据的大概时间。

然后写下三件让你觉得最开心的事情。如果有些事情你觉得自己非常满意，但它们并不在你上面所列的清单中，那么添加这些内容。

闲暇时会做得最有意思的三件事情：

1. _____（　%）

2. _____（　%）

3. _____（　%）

现在估算下这三件事情在你所有空闲时间里所占的比重。在人们的生活中，对于大多数人而言，他们花了最多时间做的那三件事往往并不是能给他们带来最多欢乐的事情。

要了解更多有关帕累托法则的信息，企业家、管理咨询师理查德·科克（Richard Koch）著有三本关于帕累托法则实际运用的书籍：《迈向成功：80/20 法则》（*The 80/20 Principle*），《发挥你的潜能：80/20 法则》（*The 80/20 Individual*）以及《生存方式：80/20 法则》（*Living the 80/20 Way*）。

为什么我们总是在做那些令人不甚满意的任务或行为

你可能发现你所列清单里的一些事情占用了很多空余时间，但它们所带来的效果却很一般。只是我们早就习惯了要去做这些事，或者因为我们认为有人想要我们这么做。我们常常并不立即去做一些会给我们带来更多欢乐的事情，因为这些事情迟早都会去做。迟早可能是指"当孩子们再大些"，或者"等我退休以后"，或者"等我们存够钱"。然后不幸的是，我们往往都盼不来这些日子。

还有一个因素就是"无底洞现象"。决策研究表明，人们在某件事情上投入越多（这种投入可以是金钱、时间或情感），就越难以舍弃这件事。举个例子，一本300页的书，你已经看了200页，而你越看越觉得这本书没意思，但是你很有可能觉得还是应该把这本书看完，因为已经看了这么多页了。这一效果同样适用于其他方面，比如不应该再继续投资某个项目或者以前所购买的那些不再适用于你的东西。（"我不能就这么放弃或者以这么低的价格出售，当初买的时候，我可是花了一大笔钱！"）

克服这种心理有个很好的策略，那就是运用"零容忍"准则。试问："如果当时我并没有买这个（或者在这上面花时间），现在还会这么做吗？"如果答案是否定的，那么是时候停止、甩掉或者卖掉它了！

还有一种因素可能是面子问题。比如你告诉了所有认识你的人，你将去参加一场马拉松比赛，之后你却发现参加这个比赛会对你的膝盖造成疼痛和其他损伤，但即便如此，你依然会去参加这场比赛，无论弃赛对你的健康多有利。解决这个问题的一个很好的方式就是倒退一步，更客观地对整个事件进行思量。如果你有朋友也碰到这种问题，你会怎么做？你很有可能会说："别傻了，健康比什么都重要。"这也是你对自己的答案。

下一步是什么

通过本章，相信你已经明白在你的工作和业余生活中哪些方面可以进行改善，从而极大地提升你的快乐和幸福。下一章，你将了解怎样在具体的目标中专注于这些事情，以及帮助你实现所设定目标的秘诀。

第 2 章

如何专注于你的第一个目标

上一章谈到获取巨大成果的诀窍是找到你工作或休闲时间能带来最大收益的 20%，花更多的时间做这 20%，少花点时间在那些给你带来较少价值的 80% 的事情上。一旦你明白这关键的 20% 是什么，你便可以设定使你快速成功的目标了。但如果你以前曾经为自己设定过目标，你可能会觉得这项工作有点令人沮丧，因为你还不了解大多数目标设定的方法中都有两个致命的错误。在本章，你不仅会了解这些错误是什么，还会明白应该怎样纠正它们。

如何设定 SMART 目标

要想做到专注，首先需要明确你想要获取什么，这也就是为什么要设定 SMART 目标。首先，我们来看看设定目标的步骤，这样你就可以把它运用到上一章你所确定的领域中。

　　SMART 目标指什么？S 代表具体（specific）。像"减些体重""挣更多的钱""更受欢迎"这种目标都没什么意义，因为这些目标太模糊。如果你只减掉 1 公斤，虽然你确实瘦了些，但你很可能对这个结果并不满意，因此设定一个具体的体重目标更有意义。同样的道理也适用于金钱甚至是个人魅力，比如更受欢迎。究竟怎样才算是更受欢迎呢？是再多两个关系密切的朋友？或者再认识六个新朋友？如果你对于这些具体目标感到有难度，那就问问你自己，当目标实现时，你会看到和听到些什么，这和你现在看到和听到的有哪些不同？

　　当你做这些决定的时候，要确定你所使用的准则都是对你有实际意义的，而不是你认为其他人希望你这样做。想要满足他人的预期是傻瓜才会做的事情，因为假设我们真的按别人的期望去做，他们的期望可能瞬息万变，而我们只会一直处于苦苦挣扎的困境中。

　　还有一点就是，最好要设立一些积极的目标，也就是像"减轻 10 公斤体重"这种目标，最好能设定为"达到健康体重 X"。否则，你时不时就会想到消极的方面。

　　M 代表可计量（measurable）。一旦变得具体，计量你是否实现目标的方式也常常不言自喻。如果是关于体重，你会使用体重计或者脂肪监控仪；如果是关于金钱，你的银行账户会让一切明了。事实上，你是否能够对目标进行计量是对你是否已经足够具体的最佳检测。如果你无法对目标进行计量，那么倒退回去，重新调整你的目标。

接下来的两个目标，A和R，分别代表可获得的（attainable）和现实的（realistic）。我并不想过多强调这些。如果你想要目标能够激励你做必要的工作并最终实现这些目标，那么你就需要设立鸿鹄之志，最令人兴奋的目标应该是那些你并不100%确定是否确实可获得，是否确实可实现的。虽然你以前从没写过书，但你的书能成为畅销书吗？你能否做这样一个生意，这个生意能让你在未来五年挣到足够的钱，然后退休开始做自己喜欢的事情或者做慈善事业？其实，很多人都做过那些事。要想知道答案，只有一种方法：那就是立刻写书或者马上开始做这个生意，然后看看会发生些什么。

唯一现实的问题是你所愿意做出的牺牲和你的目标范围是否吻合。如果答案是肯定的，那么放手去做。如果你竭尽全力付出，你便很有可能实现自己的目标。

顺便说一下，如果你想咨询其他人关于是否要实施宏伟计划的问题，一定记得要去问一问真正做过这件事的人，而不要去问那些毫无经验的人。前者会是问题处理专家，而后者只可能是问题制造专家。

SMART中的T代表及时（timely），一般而言，这是指为将要实现的目标设置一个截止日期。这个因素也摧毁了很多的希望和计划。

当心致命的最后期限

事情常常这样发展：你设定了一个有截止日期的目标，比如说"到 3 月 1 号，我的体重要达到 70 公斤"，或者"到 9 月底的时候，我要为我的书找一名经纪人"，或者"到 2 月 15 号，我要开始经营我的网店生意"。

然后你开始做那些你觉得能让你在截止日期之前实现目标的事。如果你和我们大多数人一样，通常情况下，你一定无法实现你的目标。事实是，要么你的体重有所增加，要么你还保持原样，或者你确实减轻了一定的体重，但这个数字达不到你所设定的目标。又或者是你没法在 9 月底的时候找到你想要的经纪人，或者又因为网络问题，你的网店没法在 2 月中旬顺利开业。

假设你失败了。当遭遇失败，我们都会觉得失望或沮丧，并且很可能放弃我们所设定的目标。更糟糕的情况可能是，我们甚至不太愿意为其他目标而努力。

这种传统目标设定方法有两个致命的缺点。第一个缺点是设定截止日期。自我发展专家一定会被上面这句话吓得目瞪口呆，这些专家的观点是没有截止日期的目标只是一个良好的愿望而已。对此我想说，通常情况下，设定截止日期的目标注定要失败。让我来告诉你为什么。当你开始为某个目标努力奋斗时，一般情况下你并不知道将要怎么做。可能你只是对于该用什么方法和要做些什么事有那么一点儿概念，但你并不知道这些方法和事情是不是真的有用或者到底有多少用处。第二个缺点是在很多情况下，要想实现目标，你需要其他人的配合。你可以影响他们的反应情况，但你却无法对此进行控制。综上可见，在这些因素的不断作用下，你怎么可能为你的成功设定一个时间限制呢？

只有一个真正目标节点

前文中，我谈到这个过程通常是怎样发展的。下面我们来谈谈如果你确实想要实现目标，设定目标的过程应该怎样进展。

1. 设定一个目标。在例子中，我们还是以实现目标体重为例。

2. 开始做一切你认为可以帮你实现目标的事情。比如为了燃烧卡路里，你决定坚持每周徒步三次，每次一公里，目标是每周减轻一公斤的体重。

3. 对运动过程效果进行监控。如果你所做的事情确实给你带来所希望的成效（比如，你发现自己每周都比设定的目标轻了一公斤），那么你就坚持做下去直到目标实现。

4. 如果你所做的事情并没有给你带来想要的结果，那么赶快进行头脑风暴，找些能够替换的措施，开始做些改变。这可能只是一个很小的调整，也有可能是整个策略的彻底改变。比如，你可能发现你的体重只下降了一点点，因此你决定除每周的徒步外，你还要对饮食进行控制，将小吃和甜点改为只吃一些水果。或者你可能决定试试聘请私人教练每周陪你锻炼两次。

5. 重复步骤 3 和步骤 4，直到实现你的目标。你的截止日期开始变为"直到实现我所设立的目标"。你所要做的承诺只不过是一直尝试做些不一样的事，直到找到有效的方法。有的目标可能很快实现，有的目标可能需要很长时间才能实现。用这种方法，你永远不会失败，这只是一个不断学习的过程。

我还想重复强调一下：利用这种方法，你永远不会失败！可能失败的唯一原因就是你的放弃。

这还能帮助你避免"更快更多"综合征。当截止日期临近，而你所使用的办法却没有多少效用，在这种情况下，就很容易出现欲速则不达的情形。为了能在截止日期前实现目标，你就有那种想要更快更多地做你正在做的事情的冲动。但很显然，不管你做了多少这些并不奏效的事情，或者对于这些事情做得多快，这都不是解决问题的真正答案。如果没有截止日期的压力，你才有可能以开放的姿态考虑其他选项。

从未有过的研究

　　很多有关自我发展的书都提到了 20 世纪 50 年代哈佛大学（也有说是耶鲁大学）所做的一项研究，在这项研究中，学生们被问及是否为自己设立目标。30 年后，给出肯定回答的 3% 所获得的收入比剩余 97% 挣到的全部收入还要多。唯一的问题是，从未有人做过这项研究。没人知道这个故事的由来是什么，但确实从没有过这项研究曾经发生的真实佐证。不过，很多成功人士确实表明他们为自己设定过目标。

　　这并不表示你不能为目标内所能控制的任务设定截止日期。比如，假设你的目标是找人为新的网络业务设计网页，你可以决定对候选人进行考察，并在周末前和排名前三的人选进行联系。如果你的目标是找一名经纪人，你可以明天就给其中的三人写信。如果你决定去健身房健身，你可以为自己设定截止日期，比如周一前选定一家健身中心。

宏伟的目标很好，将它们分解成一个个小目标

　　宏伟的目标能够让你看到未来想要的生活。同时，有一点很关键，那就是你需要把这个大的目标分解成很多小目标，这样你才会一直有进步和有所成就的感觉。在你实现最

终目标之前，不要吝啬于庆祝。做一些里程碑式的事件，在这些事件完成之时，进行庆祝。

规划诚可贵，行动价更高

对于你来说，进程中的每一步都需要做些计划，但是要小心，千万不要变成规划上的巨人，行动上的矮子。如果你喜欢做一些详细的计划、表格、流程图、思维导图等，建议你考虑少做些规划，把更多的注意力放在实现目标上。当然，使用图表和其他一些视觉辅助措施能够帮助你专注于所需要做的事情，但它们不能成为你所需要做的事情的替代品。在商业社会，进程中的这两个部分分别被称为计划工作和实施计划。

万事万物都在以前所未有的高速变化着，这一事实同时意味着我们需要比以往更加灵活。如今，设置一个一成不变的 5 年计划根本就是不现实的，你需要时时准备着，要注意在计划执行过程中可能出现的一切具有更好导向的蛛丝马迹，无论是关于你将去往何处或者如何达到目的。

艺术领域里的一个试验可以很好地作为这一点的例子。这个试验对比了两组技艺纯熟的艺术类学生的作品。第一组学生对于他们想要的成果了然于心，为此他们进行了仔细的计划，并朝着这个成果一步一步地努力，在计划执行过程中很少改动。第二组学生对于想要的东西只有一个模糊的概念，他们的设计平均有 17 次的改动。最终，裁判对两组绘画作品进行了评估，得出结论是第二组学生的作品更具创造性。这项试验给我们的启示是，项目执行过程中保持灵活贯通能给我们带来更好的成果。

你的坚持战略

到目前为止，一切都很好，但你还有一个隐藏的障碍需要克服。通常我们采用一个策略（比如，一周徒步三次），我们在第一个星期甚至第一个月，对这项策略执行得很好。然后，生活中的琐事打乱了我们的计划，我们开始可能一个星期只徒步一次，或者根本就不再去了。结果自然是失败。每个健身中心靠的正是这点。每年一月份，很多人办理了会员年卡（新年心愿效果），但到三月份，大多数新会员便不再来健身中心了。这对于健身中心来说，当然是件好事；但如果你是会员，那可就不怎么样了。

"失败的唯一途径就是你的自我放弃。"

我们不仅需要实现目标的策略，还需要保证我们按照策略进行执行的方法。就像我前面所说的，你可能失败的唯一原因就是自己的放弃。但通常情况下，我们确实会停止执行策略。一旦你发现这一现象发生，执行 B 计划。

- 确定你停止执行的原因是否是你对策略尝试了很长时间，但并不奏效。如果答案是肯定的，那么是时候进行头脑风暴，想出一个新的策略并开始执行它了。如果停止的原因是你所做的事情太难以执行，那么同样采取上述办法。比如，你决定每个礼拜去健身房 7 次，但你发现这个安排其实不太现实。你可以改变计划，比如改为一个礼拜去 3 次，然后看看效果如何。
- 如果你停止的原因仅仅是因为忘记了，或者这个策略不太方便，或者你变懒了，那么是时候进行头脑风暴，想出一个新的策略，可以让你以一种更轻松、更快乐、更容易上心的方式来做这件事。在去健身房这个例子中，可以是找一个健身搭档，或者雇用私人教练，或者跟伙伴许诺，每次你没按约定去健身房健身，就要给他一笔钱。

学习经验

　　把暂时的失败看成通往最终成功的一步，你便能摆脱失败带来的阴影。如果你觉得这有些困难，记录下你生活中各方面所拥有的技能。然后想一想为了掌握这些技能，你曾经犯了多少错误或者学到了多少教训。你可能需要花点时间好好想一想，因为我们一旦实现了某一目标，就很容易忘记在这一过程中所遭遇的障碍。同样，一旦你实现了这些目标，你会感觉当初为了实现目标而努力都是很久以前的事了。

你无法专注于看不见的事物

研究表明，当零食被装在透明容器里时，会比装在不透明的容器里时被吃得多；当容器在伸手可及的地方时，你吃的零食比它的容器在你不得不起身去拿的地方时更多。这些结论并不是什么大不了的事情，但它们确实提醒我们一个重要道理：眼不见，心不烦。（就像"见到才能记住"一样。）

如果你想保证每天花点时间做些对你来说比较重要的事情，那么就在身边保有一个与此相关的视觉或听觉符号。这可以是照片或者图画，一个单词、一个短语或者一段音乐。定期改变这个符号能帮助你更新其力量以提醒你采取行动。

是时候专注于你排名前三的目标了

明白目标是如何设置的原理后，你就已经准备好设置自己的首要目标了。回头看看你的 80/20 清单，花点时间想想你觉得哪些目标最会让你感觉兴奋和满足，然后写下三个你最想实现的目标。

目标 1: ＿＿＿＿＿＿＿＿＿＿＿＿＿＿＿＿＿＿＿＿＿

目标 2: ＿＿＿＿＿＿＿＿＿＿＿＿＿＿＿＿＿＿＿＿＿

目标 3: ＿＿＿＿＿＿＿＿＿＿＿＿＿＿＿＿＿＿＿＿＿

　　这三个目标中的哪一个是你愿意即刻投入为之努力的？你可以选择其中的一个、两个或者全部。如果你认为同时开始为这三个目标而努力会花费非常多的时间，那么选择其中的一个或两个作为开始吧。实现一个目标比同时为了实现三个目标而苦苦挣扎，能够给你带来更多的精力和满足感。如果你确实想要同时开始追求一个以上的目标，那么这些目标最好不在你生活中的同一个领域。比如，你可以选择一个和你事业相关的目标、一个和健身及健康相关的目标，以及一个与改善重要人际关系方面相关的目标。

　　为每个目标准备一个你将乐于在上面进行书写的精美笔记本。你可以使用本书里的空白和表格，但是你肯定还需要更多的空间来记录你采取的所有行动、你经历的里程碑式事件，你所采用的效果很好的策略，这些策略可以用于你其他目标的实现过程中，等等。

从这些问题开始

　　针对你认为最重要的目标，回答以下问题（如果你需要更多的空间，利用你的笔记本）。在我们的例子里，假设你意识到在你的 80/20 评估中，做设计工作能赚到更多的钱，但是你缺乏使用 Photoshop 软件的专业技术，这让你没法实现目标。那么你需要设立的目标之一就是拥有那些技术。

1. 明确了解现在的实际情况。越具体越好。

例如：我已经购买了 Photoshop 软件的教学 DVD，但却从未看过。

2. 过去你所做过（或没做过）的什么事造成了现在的局面？

例如：我从没安排时间学习这个程序。

3. 为了获得想要的结果，你将做哪些不一样的事情？

例如：我将每周花 4 个小时学习这个程序。

4. 为了保证你可以做到上一步中明确的事情，你需要拥有些什么，或者需要做些什么？

例如：我必须决定改变目前每周 4 小时所做的一些事情，用这 4 个小时进行学习。

5. 你需要哪些资源（时间、金钱、他人的帮助）？你如何获取这些资源？你需要为此放弃或者停止做些什么事情吗？

例如：我所需要的资源是时间。我将每周减少 4 小时看电视的时间。我还需要一个系统来提醒我做功课。

6. 做些不一样的事情，并对这些事情的效果进行持续评估。如果无效，考虑做其他事情来达到你所希望的效果。坚持这种做法，直到你最终实现目标。

例如：如果你发现自己在家总是没办法专心地花 4 个小时学习这个程序，你可能会想把笔记本带去图书馆或者其他可以让你不受干扰的地方学习。或者你可能发现自学对你来说效果不大，那么最好还是参加一个教学课程。

如果你想要实现一个以上的目标，对每个目标回答以上相同的问题。

用一张前十名清单点燃你的激情

特别是当你有一个雄心壮志的目标时，你会在开始的时候感到畏怯。也许你很熟悉脱口秀节目主持人大卫·莱特曼（David Letterman）的《前十名排行榜》（*Top Ten List*）。你可以把它改编成一个能让你兴奋起来的起点。做一个清单，写出你为什么认为这些目标对你的将来很重要，或者为什么你确实想要实现这些目标的前十个理由。这个清单将会在你筋疲力尽的时候帮助你，激励你继续前进。在办公室或者会议室做一些前十个理由的海报将会更有用，这些海报将时时提醒你这些关键的动机。现在就开始，为你的某一个目标做这件事情吧。

我想要实现这个目标的前十个理由：

10. _____

9. _____

8. _____

7. _____

6. _____

5. _____

4.＿＿＿＿＿＿＿＿＿＿＿＿＿＿＿＿＿＿＿＿＿＿

3.＿＿＿＿＿＿＿＿＿＿＿＿＿＿＿＿＿＿＿＿＿＿

2.＿＿＿＿＿＿＿＿＿＿＿＿＿＿＿＿＿＿＿＿＿＿

1.＿＿＿＿＿＿＿＿＿＿＿＿＿＿＿＿＿＿＿＿＿＿

时刻准备着

如果你对自己的动机有些犹豫不决，那么就把你的前十个理由清单写在一张纸上，放在你的口袋或者钱包里，并常常拿出来看看。当别人问起为什么你的目标这么难实现时，这个列表能帮你轻松摆脱困境。大多数人对待事物的看法都是消极的，因此准备好应付这些消极的观点，对你也是大有益处的。

把自己看成英雄

一个提升能力自信以实现目标的好方法就是使用"英雄之旅"作为行动的样板。"英雄之旅"的构想来源于约瑟夫·坎贝尔（Joseph Campbell）的作品，约瑟夫是世界最具盛名的神话研究学者之一，他发现许多文化中都有结构基本相同的神话：探险的英雄。

在旅途中，英雄找到了指引者，但这位指引者并不能在英雄的全部旅途中陪伴他，他只能陪伴英雄的一段旅程，在此之后英雄必须独自前行，独自面临各种考验和挑战，并走向冒险世界的深处。

在某一时刻，他将遭遇最大的挑战，或许这一挑战使得他对成功甚至生存都感到绝望。就在此时，他发现一种新的力量或目标使他能够继续前进，并最终收获胜利。

通常情况下，英雄所获得的宝藏是象征性的东西，即像宝石或者珍贵的高脚杯这样的实物，这些东西也代表了他完成旅途后所获取的新知识或智慧。有时候这份宝藏不仅仅给英雄自己带来了好处，而且也给英雄身边的人们甚至他所在的整个部落或国家带来了好处。

如果这种模式听起来很熟悉，这并没什么值得奇怪的，因为这种故事结构也出现在很多小说和电影中。著名导演乔治·卢卡斯（George Lucas）将其运用在《星球大战》三部曲的第一部中，并因此和坎贝尔建立了友谊。

更有趣的是，这种模式和现实生活中的冒险也十分相似。当我组建"开创你的未来"（Create Your Future）研讨会时，我邀请了一些参与者首先用这个结构来描述他们以前是如何处理挑战的，例如上大学、开始工作，或者学习一种新的技能时。事实常常是，人们在意识到自己曾经也是英雄时，都会倍感意外。

然后我要求他们用这个结构来描述自己如何完成一件从未做过的事情，结果总是很有趣，也引人深思。这种英雄式旅程不仅是一个有用的计划工具，而且这种把自己想象成冒险旅途中的英雄做法的效果，常常能起到非凡的激励效果。从"我有个问题"甚至"我有个目标"转变至"我在探索途中"，这是一个巨大的转变。

　　尝试着将这一方法运用到你的某个宏伟目标上。在以下空白处填写，要是某些问题你并不知道答案，那么就随便猜一个。如果你让自己放松，让那些答案自己跑出来，你可能会惊讶地发现你的潜意识会提供比你所料想的多得多的关于这趟旅途的信息。

○ 你的英雄式旅程

　　1. 平凡的世界中，英雄横空出世。（在你开始"英雄式旅程"前，你正在做些什么？）

2. 冒险的召唤。(什么事情让你意识到有麻烦了或者面临挑战,或者你想要开始一段新的冒险?)

3. 英雄起初有些不情愿,并且对未知满怀恐惧。(对于开始这段新的旅程,你最大的恐惧是什么?)

4. 英雄受智慧老人或智慧老婆婆所鼓舞。(能够给你一些指导或灵感的指引者或角色楷模是谁? 他可以是来自过去或未来的真实的某人,甚至可以是小说里杜撰的角色。)

5. 英雄越过第一道门槛,完全进入新世界。(你将在什么时候或者曾在何时全身心地投入冒险之中。)

6. 英雄遭遇考验和帮助他的人。(你认为首先将面临哪些挑战? 谁能给你提供支持和帮助?)

7. 英雄来到山洞的最深处,这是一个危险的地方。(你认为何时你将面临最大的挑战? 通常情况下,这时你很有可能会考虑放弃。)

8. 英雄经历了最严峻的考验,好像一种死而复生的感觉。(你的何种品质能够让你战胜这最大的挑战? 你重生的信号是什么？）

9. 英雄手握宝剑并获得了宝藏。（你将获得什么宝藏？可能是知识、经验或者一些有形资产。）

10. 回程之途以及追求。（一旦你实现目标，还有些什么小的困难需要克服？）

11. 英雄带着宝藏回到平凡世界中。（当目标实现，你的世界会有哪些不同？它将如何影响你圈子里的其他人？）

约瑟夫·坎贝尔

坎贝尔（1904—1987）是一名神学教授、作家和演说家。他的著作包括《千面英雄》（*The Hero with a Thousand Faces*）以及《神的面具》（*The Masks of God*）四部曲，但大众主要还是通过他对比尔·莫耶斯（Bill Moyers）的系列访谈节目《神话的力量》（*The Power of Myth*）开始了解坎贝尔本人。这一节目于1987年在美国公共电视台（PBS）播放。坎贝尔去世之后的第二年重复播放了很多次，这一节目也被录制成DVD销售。

你的视觉焦点：绘制你的目标地图

下一步是绘制一幅目标地图，在这张地图上你可以规划好所有通向目标的主要步骤。如果这个目标很宏大，那么你便需要将这个目标分解成一些小的目标，并为这些小的目标绘制分解地图。例如，你的目标是成为广受认可的市场营销专家，年收入总和至少达到 10 万英镑。要实现这一目标，必要的步骤可能包括撰写关于市场营销的文章，成为一名言辞精炼的演说家，训练自己成为一名商场导师，编写一本关于市场营销的书籍，创建一个网站并进行自我营销。

下图是目标地图的一个例子，这幅目标地图简要表明了实现目标所需要的步骤（你还需要制定更为具体的实现方式）。这种地图一般都是以顺时针方式排列，从右上开始。

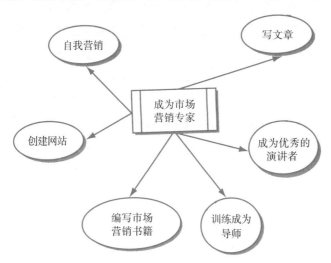

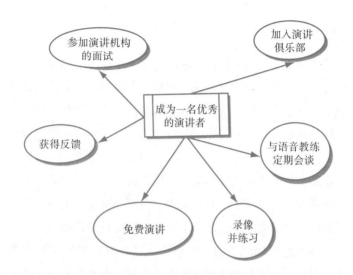

因此，在这种情况下，你的首要任务应该是写文章，然后成为一名优秀的演讲者，以此类推（当然，这些任务可能会有些重叠的情况出现）。尽管本章强调了不必过分纠结于截止日期，不过在这种情况下，很多步骤都会在你的掌控之中，因此你可以为这些步骤设置一些目标日期或时间期限。

你还可以把这些通向最终目标的步骤看作一个个的项目，并为每个项目绘制一张项目进程图。我们在"成为市场营销专家"地图下绘制了一张"成为一名优秀的演讲者"的步骤实现图，第一个任务是"加入演讲俱乐部"，下一步是"与语音教练定期会谈"。和目标地图一样，你可以为这些任务增加日期和其他细节。

是时候绘制你的目标地图了

轮到你了。不管你是利用软件还是用钢笔或铅笔在纸上绘制地图，现在为你最为激动的目标绘制出目标地图。你可以利用本章出现的所有信息规划出需要实现的主要子目标，从而实现主要目标。然后，随着你继续研读本书，为这些子目标中的每一个绘制目标地图，对于你所需要规划的一切，考虑得越具体越好，比如，你将需要做些什么，怎样做这些事情以及何时开始做这些事。如果你愿意，你可以继续研读本书其余部分，然后按照本书最后一章所说"综合所有方法"来绘制你的目标地图。不过，我还是强烈建议你现在先做一张粗略的地图。

下一步是什么

通过明确一个或者多个目标，明白如何克服目标设置中的一般问题，你迈出了为成功之旅带来激光般专注的关键一步。在下一章中，你将学习如何改变你的时间模式，使其彻底成为支持你进步的利器。

PART 2

2

第二部分

专注策略

第3章

如何专注于时间模式以取得成功

通过前一章的学习，你明白至少要为一个主要目标而奋斗，并了解了如何绕过目标设置过程中那些典型的陷阱。通过专注于那些能使你的生活产生明显改观的目标，你会逐渐把精力转移到最重要的事情上。然而，如果你还沿用以前使用时间的方式和习惯，这对于快速成功可能就不是什么特别好的办法了。

通过阅读本章，你将学会识别那些可能会拖你后腿的时间模式，学会怎样建立新的、更加有效的时间模式。首先，我们来大概谈谈这些技巧都是怎么得来的。

出人意料的时间模式

- 每个人都有自己的行为模式。当然，一遍一遍做同样的事就会一遍遍得到相同的结果。例如，有的人一直在变换交往的对象，但换来换去，他身边出现的都是同一类型的人，或者有的人总是因为信用卡使用不当而重复陷入资金困境中。当然，也有积极的模式。你可能认识那些总能找到好工作或者总能安全驾驶的人。人们都有一套关于如何利用时间的模式。比如，有的人总会选择先去做一些他们认为最容易的工作，有的人却总是喜欢先解决工作中最难啃的那块骨头。

- 更不可思议的是，人们总是喜欢重复旧有的方式，即便以前利用这些模式所得出的效果并不理想。换句话说，并不是所有人都会从以往失败的经历中总结出换个方式做这件事效果可能更好这样的经验教训（稍后我们会分析为什么会产生这种情况）。所以，这样来看，人们会年复一年地使用低效的甚至无效的时间模式就不足为奇了。

- 人们通常能够意识到别人的模式，却意识不到自己的模式。如果我们连自己的模式都不清楚，就更别提改变了。一旦我们弄清楚这些模式是什么，那么改变就比较容易了，如此才能改变结果。

- 模式也可以包括情感、想法、表象和行动。比如，你向老板提出涨工资的请求遭到拒绝，你可能会接着想起自己之前遭人拒绝的所有事情。接着，你耳边可能会响起儿时某个曾在你心里留下阴影的成年人的声音，这个声音在说你永远也做不成任何事。接着你脑中可能会浮现出目前你所做的一个项目将来也遭到拒绝的画面，然后你可能觉得摆脱这些消极想法和感觉的最好办法就是去酒吧买醉。那是一种灭人志气的消极模式。有效的模式可能是真正把拒绝听进心里去，然后回忆起以前那些一开始被拒绝之后又重新被接受的事，并问清楚要想以后能有机会涨工资，你需要做哪些不一样的事，然后按照要求去做（或者考虑换个工作，如果你目前所在的职位不可能再给你上升的空间）。

如何发现你自己的模式

这里列举了一些最常见的不良模式：

- 保持身材的老调常谈（在健身中心报名后，锻炼了一个礼拜，放弃）
- 持续对工作的不满
- 持续对财务方面的不满
- 反复出现的有害关系

以下是一些最常见的与时间利用相关的不良模式：

- 先做最不重要的事情
- 拖延

- "救火"（做最紧急的而不是最重要的事情）
- 任由内心的自责主宰思想

那些惯用这些模式的人们极易受到干扰从而无法实现目标，这是日常生活中随处可见的事。

然而我们大多数人，通常都是双眼紧闭看不到自己的模式，怎样才能改变这一现状呢？让我们先弄清楚做这件事的目的是什么：明白自己的模式之后，我们就能找出为了取得更好的结果需要做哪些不一样的事。将这一点铭记于心，来一起学习发现自我模式的六种不同做法。

1. 询问他人。我们能够看到他人的错误，他人自然也能看到我们的错误之处。但是你必须要说服他人对你坦诚相待，并且你必须保证自己听到这种开诚布公的言论后不会影响你和他人的关系。忠言逆耳，可能这些话听起来让人很不舒服，但是你要明白，只有这么做，你才能进步。如果有几个人都在你的生活中发现了相同的模式，那么他们很可能是正确的。比较好的问题可以是："你对我利用时间的方式有什么意见？你觉得我在哪些方面浪费时间？你觉得我什么时候做得最好？"如果你实在找不到会让你觉得舒服的提问对象，那么就问问你自己这些问题，然后记录下你的答案。

2. 想想你父母都有哪些消极的模式，然后评估自己是否正在复制这些模式。出于对父母管教的叛逆心理，你的表现之一就是采取与父母完全相反的模式，但这一模式也是消极的（例如，"不要相信任何人"或"相信所有人"）。在时间利用方面，你父母可能有拖延的习惯，不到万不得已的时候不会去做某件事，或者他们是那种完美主义者，从来没时间去做完所有他们想做的事。如果是这样的话，你觉得这会对你使用时间的观点有什么影响？

3. 使用分解法。考虑一种你想要更好地了解自己行为的情形。想象在那种情形中你看到了自己，就像你是电影中一位能被他人观察到的演员。这就是一种"分解状态"，和通过你自己的双眼看事物的"联合状态"相反。如果你确实游离于真实自我以外，你就不会对你所看到的东西有任何特殊的感情，不会有罪恶、尴尬或任何其他的感觉。你的观察仅仅是要找出对于这种模式你能做些什么。比如，如果你曾经在学习一种新的技能时半途而废，仔细回顾并想想到底发生了什么。

4. 使用"把你的问题教给别人"技巧。利用这种方法，你假装自己需要教会别人怎样用你的方式工作。你必须给他们确切的详细指导。比如，你要处理的问题是，为什么周末总是没法及时把账单都付掉，尽管你一直都想这么做。要教会别人怎么处理这个问题，你可能要教他们首先跟自己的配偶、伴侣或孩子做出承诺，这些承诺包含了周末的活动，而这些活动会占据周末大部分时间。你可能要教他们工作日的时候不要做那些不太重要的工作，这样到周末的时候，他们不得不把这些事情完成。你可能要教他们在周五和周六晚上熬夜，这样到周六和周日的时候，他们不到中午就起不了床。你可以把这些详细的日程写下来，或者录成录音，或者如果你很勇敢，你可以和另一个作为"学生"的人一起做这件事，让他们为你记录。到时候你就能拿到一张问题行为清单，可以一条一条地进行改变。

5. 下一次运用某一模式时，记下它是如何运作的。比如，假设你计划周五在家完成一份报告。周五到来了，然而直到这天结束，你都没能完成报告。当这种情况发生时，记录下那些让你改变想法的过程。比如，可能你起床后发现家里的脏衣服已经堆积成山，你决定把衣服放进洗衣机然后再来写报告。可是当衣服洗好后，你可能又想迅速地把家里收拾一下，这样你就能专心致志地写报告了。你终于把这一切做完，并且准备在书桌前坐下，开始你的报告写作，这时一个朋友给你打来电话，她非常难过，需要有人能够在她痛苦时给一个可以依靠的肩膀，于是你花了一个小时倾听她不幸的爱情遭遇。现在你饿了，于是你给自己做了一份午餐，因为在你饿的时候，你肯定没法写好报告……当然还有其他一些类似的事情都会发生。（注：当一种模式总是以模式干扰的形式重复出现时，把它记录下来，这能让你继续按照原计划做事，因此这能成为一种治愈和诊断练习。）

6. 使用"高层自我来信"技巧。对于那些你想要改变的事情，静静地坐下来，问问你的"高层自我"对于你目前的主要时间模式有些怎样的见解。这里所提到的"高层自

我"并不是什么神秘的东西，只是游离于目前你所承受的
压力之外的自己，是能够客观地看清楚问题、了解什么才
是最好的你自己。记下任何你想到的事情，先别管你所写下
的这些内容是不是真的来源于你的"高层自我"。有人发现
用"错误"的手（正常情况下不写字的手）做记录，会获得
更好的见解。你可能会发现在这一过程中，你的"高层自
我"不仅能发现问题所在，还有可能提出解决问题的可行性
方法。

萨拉正在假想的电影中
观看自己的表现

　　现在开始在下列横线上粗略写下至少三种让你无法高效
并专注地利用时间的模式。如果你做一些更深入的研究，你
还能再加些其他的时间模式。
　　对你而言无效的时间模式有如下几种：

1. _____

2. _____

3. _____

4. _____

5. _____

6. _____

了解目前的模式都给你带来了些什么

一项非常有效的心理学方法叫作神经语言程式学（neuro linguistic programming，NLP），该方法的假设之一称每种行为都附有一个积极的意愿。这个意愿总是想要给你带来某些好处。

神经语言程式学

如果你想对神经语言程式学有更多的了解，不妨读一读由约瑟夫·奥康纳（Joseph O'Connor）和约翰·西摩（John Seymour）合著，哈珀柯林斯出版社（HarperCollins）于 2003 年出版发行的《NLP 入门》（*Introducing NLP*）一书，这对你来说会是一个不错的开端。

当你识别出某个消极模式，要弄清楚这种模式给你带来了什么。通常情况下，这一模式能够给你提供某些保护，比如需要面对挑战时的保护，要知道，当挑战来临时，一开始给人的感觉总是不怎么舒服的，有的时候还确实挺恐怖。即便如此，这种保护还是有其副作用，你要明白这种模式其实是一个恶魔。这种模式让你继续做以前早已学会的事情，而不是做一些改变。

> "当你识别出消极模式，要弄清楚这一模式给你带来了些什么。"

再举几个例子。

- 总是拖延着不愿意清空"垃圾废物间"的人可能是害怕扔掉那些对他来说带有感情价值或者精神安慰的物品。不做这件事，想到这些东西还在那，他们就能继续拥有那份慰藉。

- 那些画了幅油画、写了篇文章、诞生了新生意想法或者有些新创造的人，却从来不把这些东西拿给别人看，这可能是因为害怕遭人嘲笑，就像自己小时候在体育课上被人嘲笑是小胖子那样。通过永远不让别人评价他们的作品，他们就能避免受人嘲笑。就算某个主意或者产品不怎么样，也不太可能遭人嘲笑，但我们这里所谈论的并不是逻辑，而是情绪。

● 想要跳槽却从来不采取行动的人所收获的，是永远不必面
临被拒绝的风险。

有些简单的模式可能没有深层次的回报，它们可能是你
养成的一些坏习惯。要改变这些模式应该比较简单。当你碰
到一些难以改变的行为时，研究这些行为会带来什么好处就
比较有价值了。这里需要重复一下，这么做的目的并不是要
对你做这些事情进行批判，而是要利用它，并把它作为改变
的一个起点。写下排名前三阻止你获得成功的时间模式，然
后在每条后面，写下你觉得这一模式能给你带来什么好处。

模式 1.＿＿＿＿＿＿＿＿＿＿＿＿＿＿＿＿＿＿＿＿

好处：＿＿＿＿＿＿＿＿＿＿＿＿＿＿＿＿＿＿＿＿

模式 2.＿＿＿＿＿＿＿＿＿＿＿＿＿＿＿＿＿＿＿＿

好处：＿＿＿＿＿＿＿＿＿＿＿＿＿＿＿＿＿＿＿＿

模式 3.＿＿＿＿＿＿＿＿＿＿＿＿＿＿＿＿＿＿＿＿

好处：＿＿＿＿＿＿＿＿＿＿＿＿＿＿＿＿＿＿＿＿

在把消极模式转换为更有效的模式之前，你需要找到其
他方法来获得这些模式所能带来的好处。

找到获得类似好处的更好途径

让我们把这和 80/20 法则联系起来看。假如有人认为

做电子商务的利润很大。如果他把自己能支配的时间中的80%都用来实施他的想法，这可能会给他带来极大的价值。相反，如果他把80%甚至更多的时间放在研究、阅读和学习关于电子商务营销方面的知识，却根本不采取任何实际行动来建立一个网站、开发某种产品或者服务，也根本不去吸引潜在的客户呢？

他可以给自己找借口说他需要在采取行动前获取所有的最新信息，但你觉得这么做的真正结果会是什么呢？

只要他一直只是在计划，他就不会失败。但是我们是从尝试和错误中不断学习成长的，再完美的计划如果不付诸行动，永远都不会给我们带来金钱。然而，只是简单地告诉他（或者你自己）这个道理似乎作用并不大。你必须想出一个办法，这个办法同现有模式差不多安全，但处理事情的方式不一样。

采取行动

如果你正遭遇"分析麻痹"（paralysis by analysis）的折磨，持续不断地研究计划而没有任何实际行动，那么迈出第一步才是比较理智的做法。然后你可以在需要的时候再搜集其他更多的信息，而不是在开始行动前就想着把所有事都考虑好。

一旦你确定了结果是什么，你就能想出一些替代方法，用更加温和的方式取得相同的效果。假设我们的创业家最大的恐惧是来自他人的嘲笑（可能因为他曾尝试过一个商业项目却失败了），他无须将自己的计划告诉任何人，而可以先对自己的一些想法进行测试，然后看看这会产生怎样的结果。一旦他的感觉好了一些，他就可以和生命中最支持他的人分享这一信息。如果他犯了几乎不可避免的错误，他也能够从这些错误中学习经验并不断前进。

关键的一点是：仅仅改变模式还不够，你必须通过这样一种方式来进行改变：在改变的同时，还能获得原有模式所能够给你带来的同样结果。如果这个条件没法满足，那么这种新的模式也不会持续很长时间。

总是逃避清理垃圾间的人可能会有意识地选择保留一些带有情感或慰藉价值的物品，而会扔掉其他垃圾。或者他们可以把这些物品放进盒子里，保留在阁楼上，而不是当垃圾扔掉。这样，如果需要的话，这些物品还在。一年或者两年后，当人们对这些物品的特殊情感渐渐淡去，这时他们可能才会觉得是时候把这些东西扔掉了。

做出开创性努力的人如果惧怕他人的嘲笑，可以首先找支持自己的朋友或同事来做个测试。

想要开始一份新的事业但又害怕失败的人可以把这一过程分解为若干个更安全的部分。他们可以在压力较小的志愿者工作中尝试使用自己的新技巧。如果你想要成为一个活动组织策划人员，不妨从为慈善组织创办集会开始。

> **分析模式**
>
> 如果你无法弄明白你的模式会带来怎样的好处，那么就问问自己："如果我不再做这件事，最坏的情形将是怎样?"然后，要想找到替换做法，问问自己："我还能做些什么更积极的事，来阻止这种最坏的事发生。"

关键是要找出对你有用的方式，这就是不断尝试不断犯错的过程。千万别指望你试着做的第一件事就会有一个完美的解决方案。用玩和实验的精神做这件事情。我们是寻找有效工作方式的社会科学家；或者，如果你愿意的话，我们是自我学习之旅中的英雄。你可以更进一步，通过回过头重新审视你的这三个最消极的模式以及它们的后果，然后再想出一些能够取得相同结果而无须重复消极做法的方式。在下面画线处写出针对你的三种模式，至少为每种模式写出一种解决办法。

好处 1：＿＿＿＿＿＿＿＿＿＿＿＿＿＿＿＿＿＿

获得这一好处的更好办法：

＿＿＿＿＿＿＿＿＿＿＿＿＿＿＿＿＿＿＿＿＿

＿＿＿＿＿＿＿＿＿＿＿＿＿＿＿＿＿＿＿＿＿

好处 2：_____

获得这一好处的更好办法：

_____

_____

好处 3：_____

获得这一好处的更好办法：

_____

_____

　　让我们对最常见的一种消极的时间模式按照这一过程走一遍。

如何避免过多承诺

　　一种典型的消极时间模式就是过分安排时间。如果你这么做的话，结果就是你所要做的比你所能做的要多得多，你筋疲力尽、疲于应付，最后只得偷工减料，上交一份令人失望的产品或服务，也可能是你错过截止日期，让那些对你满怀期望的人大失所望，又或者是你完全毁了一个或者更多个项目，这不仅让人失望，更有可能会让你丢了工作或者客户。正是因为你试着做太多的事，这使得你无法将全部精力集中在任何一件事情上。

　　如果我们用图片形式把这一过程表现出来，以便于更好地理解到底发生了些什么，我们就会发现，当有人要你做某件事情时，你都倾向于立即做出肯定回答，或者当你想到一个新项目时，你自己心里就已经默默地同意要去做这个项目，于是你立即着手开始做这件事，甚至有可能把这件事情全部告诉了其他人。然而不幸的是，你没有考虑到的问题是这将如何和你承诺好的想要达成的其他事相衔接。

重复做这件事情的好处是什么？即便你意识到过去你的这些做法最终的结局都很差。这里有两点：

- 如果是其他人要求你做些事情的话，你可能不想让他们失望或沮丧，因此你都一口应承下来。
- 如果是项目本身确实很吸引人，让你很兴奋，你就只是单独地考虑这个项目，而不是把这个项目放到所有你需要做的事物中进行综合考虑，并且你不想错过这样一件很棒的事。

在这些例子中，真正的元凶其实是你的想象力。在你的想象中，别人会很失望。你想象这个项目将很棒，你想象着如果错过了什么，那会是多么令人沮丧的一件事。

"商场中最不为人知的秘密就是真正伟大的领导者几乎都是非常懒的人，但他们却依然有能力应付突发的密集工作。这并不是什么不可思议的巧合，而是因为懒惰意味着有时间可以进行思考：思考可以带来好的想法，而好的想法比缺乏思考的埋头苦干在如今的商业社会更具优势。"

汤姆·霍奇金森 (Tom Hodgkinson)

《懒人杂志》(*The Idler Magazine*) 共同创刊人

○ 休息一下

给自己时间，来克服平常的情绪反应，至少花些时间（如果必要的话，花一天时间）考虑一下新项目能否排进你目前的日程表。

如果是你自己的主意，那么务必记录下来。记录下方方面面你所能想到的全部内容，把这些内容保存在一个新的文件夹内。但是至少一个礼拜内不要采取行动真正去做这件事（除非你确实无事可做）。当你最终需要决定是否真正要去做这件新的事情时，在头脑中把你正在做的所有项目都列出来，然后想一想每个项目需要多少时间才能完成。如果你一直以来都会高估自己完成事情的速度，那么在你第一次预测的时间基础上再加上 25%～50% 的时间。

如果是有人找到你，向你提出要求，你也觉得他们的想法非常好非常令人兴奋，那么就把你的想法完全表达出来，但同时你要告诉他们，你不能立即做决定。如果换作是我，我可能会这么说："这听起来真是棒极了，但在我做决定之前，我需要确认下是否有能够很好地完成这项工作所需要的时间。我能明天再告诉你，是否可以接下这个项目吗？"这给了你 24 个小时的时间去综合考虑目前你所做的其他事情，而不是一时激动而忘乎所以做出不合时宜的决定。

如果你意识到接下新工作会让你过度负重，那么就想想其他能让你获得你所习惯得到的好处的办法，但是这个新的方法要让你能够说不。

- 好处 1：不让要求你做更多工作的人感到失望或沮丧。
- 替换做法：想象一下，如果你现在同意，但之后并没按照你所承诺的去做，或者半路退出，他们的失望程度会比现在高多少。向别人解释你不能接受这个项目的原因，以及如果硬要接受这个项目，所可能造成的结果就只能是双方的失望。这种事理明白的解释应该会让你赢得他人的理解，而不会造成任何过激的情绪反应。如果合适的话，推荐其他人做这项工作。
- 好处 2：这个很棒的新项目给你带来的兴奋感以及不愿错失这个项目的愿望。
- 替换做法：新的项目总是让人激动，因为它新鲜，也因为随之而来的所有艰难困苦都还隐含不见。要提醒你自己，每个新项目都有这种绊脚石，想象下这个项目会有怎样的障碍在前面等着你。想象下因为没有足够的时间来好好地做这件事，于是你不得不中途放弃，这将是多么令人沮丧的一件事。再想象下，因为你试着要去做更多的事，于是你无法成功地完成目前正在从事的工作。然后再想象下如果你成功完成了你现在手头上正在做的事情，这将是多么令人高兴的一件事。

正如你所看到的，在每个案例中，你都在使用着同一样东西——你的想象力。但是在替换做法情景中，你使用想象力是要借助这个工具来弄清楚你正在做些什么以及避免在事情处理极限上再添加更多的事。

下一步是什么

既然你已经有了一些目标，并且找出了如何改变可能阻止你前进的模式，现在是时候来看看导致大多数人无法成功的两个绊脚石了，以及你怎样才能成为那些知道如何处理这些绊脚石的少数人之一。这些内容都在第 4 章。

如何克服专注障碍

专注于所做事情中最关键的 20%，要诀在于摆脱那些没给你带来很好回报的 80% 的事情。通过本章的学习，你将清楚如何做到这一点。除此之外，还有另外一个障碍，这是个隐藏得极深的障碍，那就是做最重要的事。学会如何克服这一障碍，可能会是你阅读本书所能取得的最为重要的收获。让我们来处理那些较为明显的障碍。

摆脱不太重要的 80%

这听起来很简单：停止做那些不会给你带来最大价值的事情，这样你就能集中时间精力去做那些真正有用的事。但是当你仔细观察，你会发现，实际上这 80% 里的很多事情对你的高价值任务都会起到很好的支撑作用，甚至可以说这些事对促成高价值事项的完成是必要的。

让我们来举一个和工作相关的简单例子：归档。这是一件非常枯燥无聊的事情，并且这件事本身并不会给你所做的其他事情带来任何价值。但是，如果你长时间不对文件进行归档，这最终将导致你没法找到那些重要文件，从而会对你所从事的重要事项产生不利影响。

再举另外一个例子：日常来电。这种电话看上去好像很浪费时间，然而正是这些电话让你可以和他人一直保持联系，而这些人的合作与配合很有可能会在你最有价值的任务中起到重要的作用。

同样，即使在做研究的时候，人们的注意力也很容易被其他事情吸引。特别是身处现在这种网络社会环境中，在查找一条简单信息的时候，我们很容易会分神，去访问一些相关的网站，浏览些有趣的内容，不知不觉中一个小时就过去了。很显然，要克服这个问题，答案肯定不是停止做任何研究，而是留意可能的注意力分散点。

最后一个例子：在写作时，人们都想仔细推敲出一个完美的开篇，于是他们花很多时间对文章第一段或第一页写了改，改了写，而不是先完成整篇文章再进行修改。这和前面所举的例子一样，并不是你所做的事情有任何问题，而是你做事的方式过于浪费时间。

这些问题都有自己的解决方式。让我们来看看你都有哪些选择。

选项 1：删除或减少

通常情况下，有些事情是可以完全不必去做的，或者可以少花点时间在上面。对大多数人来说，这至少代表了他们所花费时间中的 10%～15%。这听起来可能并不算多，但在一天的工作时间中，这代表着每天多出 45 分钟至 1 个小时能用于高附加值任务的时间。试想，如果每天在你最重要的目标上多花一小时，你能额外收获多少。

这里列举了一些绝大多数人都能从日常工作中进行删减的事项，稍后会详细讨论：

- 获取不相关的信息（参见第 10 章）
- 低效地处理文书工作（参见第 11 章）
- 在邮件上花费过多时间（参见第 12 章）
- 毫无价值或不必要的会议（参见第 13 章）

选项 2：分配任务

第二步就是看看剩下的工作哪些可以分配给其他人去做。要记住，你的目标是尽可能多地把时间利用在能给你带来最大价值的事情上。如果你目前还在自己做归档、复印、出差、接听日常电话等工作，你很可能正在浪费大把的时间。你分配任务的可选方式包括：

- 雇用兼职人员：根据任务的性质，可以雇用高中生或大学生，或者半退休状态的人。
- 利用虚拟助手：你的很多任务并不需要助手在自己身边办公。事实上，他们甚至可能在世界的另一边。虚拟助手能帮你处理文秘、办公室、记录以及计算服务工作。在搜索引擎里敲入"虚拟助手"几个词，你就能找到提供这些服务的人。一旦你发现有人能够满足你的需求，你就可以持续雇用这个人。
- 利用在线自由撰稿人：你能够对你所需要的一次性项目进行指定，比如设计手册。世界各地的自由撰稿人会竞标参与你的项目。你可以先对他们的作品样本进行了解，然后再看看曾经雇用过这些撰稿人的客户对他们作品的看法，最后选定在你看来性价比最高的人选。

如果通过删除日程表中不必要的事项能够为你赢得一小时，而通过分配其他人完成某任务，能够为你赢得另一个小时，这也就意味着每个月你会多出来整整一个礼拜的时间来做附加值最高的任务。

真正做你应该做的事情的秘诀

　　一个隐藏的障碍会经常阻碍人们运用自己所了解的知识。你是否曾经阅读过关于个人发展的书籍，你是否曾经若有所思地在书中重要提示下画线，并开始运用书上所提到的技巧和策略……但几个星期后，你是否发现自己又重新回到以前使用老办法做事的状态？如果是这样的话，那你就已经遇到这个问题了。大多数关于时间管理的书籍都不会提到这一内容，因为那些书都是用线性思维考虑问题的人所写的，他们还不太接受事情很少沿着符合逻辑的方向发展这一现实。他们和那些极具创造力且思维方式天马行空的右脑型人群并不合拍。因此，在建议的实施过程中，这些人往往会忽视那些隐藏的障碍。

"很多时候，做其他事情比做我们必须要做的事情要有趣得多。"

通过打电话推销产品或者新项目和稍微看看那本可能有某个章节跟你所做生意相关的书籍，或者查收一下邮件和浏览刚发生的新闻中随便哪一件事相比较，你可能都会觉得前者对你的吸引力几乎为零。

看看那些和你的高附加值活动相关的任务，我敢说你会觉得这其中很多都挺难的、有些令人生厌，你甚至不自觉地就不想做这些事。

再来看看那些低附加值活动，你肯定觉得这些事情对你来说简直可以信手拈来，你丝毫不害怕做这些事，并且你很可能会很乐意去做这些事情。

"低附加值活动倾向于那些很容易的、不会给人带来恐慌甚至可能会让人感到身心愉悦的事情。"

现在我们已经到达问题的关键所在，即便人们知道更好的问题处理方式，但大多数人仍保持自己原有的 80/20 平衡的真正原因。我为什么把这叫作"秘密"障碍呢？因为几乎没人承认这个障碍的存在！

随便问问你的任何一个朋友或者同事，问问他们是否觉得自己的潜力都已经得到充分发挥。我很怀疑会有很多人给出肯定的回答。接着再问问为什么他们的潜力并未完全得到发挥。你会得到各种各样的答案，有人会责怪外部环境：他们所接受的教育有问题、没有遇到对的人、经济形势不好、没有人能给他们提供好的建议。另外一些人可能会选择自己承担责任，他们可能会说自己的判断有误或者选错了生意行当。

可能一千个人中只有一个人会说："你得知道，这是因为当我在做容易的事情还是困难的事情两者之间做选择时，我一般都会选择做简单的事。"

很多书籍和课程都会宣传一些极具鼓舞性的讲话，来激励你做那些困难的事情。它们让你变得跃跃欲试，让你觉得必须马上开始接受任务。它们有的会使用大众的力量来振奋你，有的会让你劈断一块木板、赤脚踏过灼热的炭火或者攀登某个高峰。这些都是很棒的精力增强剂，但第二天早上，当你回归现实社会，之前那些做法都会悄然失色，不论你多想用劈断木板的技术来对付你那位难缠的上司，这真的不是什么可取的做法。

你所需要的是真正能让困难的事变得简单、变得更加有趣的方法和技巧。这是人类的天性：一旦你曾经觉得很困难的事情、那些高附加值的任务开始变得和低附加值任务一样简单和有趣，你就会做更多这类事。这些事情做得越多，你就能创造更多的价值，并且获得更多的回报。

行走于炭火之上的秘诀

如果你想知道人们为什么可以在炭火之上行走，其实这并不是什么很神秘的事，而是简单的物理知识。这里列举了部分关键要素：这些煤炭上通常都覆盖了炭灰，而炭灰导热性能很差；煤炭的表面并不平整，因此足底实际接触煤炭的表面非常小；当煤炭冷却时，燃烧会停止，新的热量并不会生成；行走者通过的时间非常短。参与者可能觉得自己完成了一件不可能完成的任务而大受鼓舞，实际上，这件事任何人都能做到。

现在，你找到了 80/20 法则中缺失的部分：抛开不必要的工作、处理能够委派的工作、更有效地做你该做的事，至此你已经成功了一半。成功的另一半就是让高附加值的工作变得更加有趣、更加简单。在谈到如何才能这么做之前，你需要花点时间回到第 1 章看看你所列的工作项目清单。对清单上的每一件事从 1 到 10 标上数字，1 代表你讨厌做的事，10 代表你真正喜欢做的事。

你时间花得最多的那些事，并没能给你带来最多的价值，但这些事情却比最有价值的事情得分要高？如果答案是肯定的，那么运用本章接下来将要提到的技巧很有可能会给你的生产力带来巨大的改变。

如果答案并非如此，那么你所面临的问题可能就不是你并不喜欢做的排名前三的那些事，而是你任由满足他人需求或者"紧急但不重要"的任务主宰你的时间。在这种情况下，继续阅读本章剩余部分的内容，你会发现更大的改变发生在本书稍后将提到的策略。

将任务分解之后再开始做

一项过于庞大的任务会让人望而却步、心生不悦。要完成这种任务，秘诀是把任务分解成易于完成的子任务。要持续不断地对任务进行分解，直到这些子任务都很容易完成，直到你不再惧怕面对这些任务。举个例子，你不得不打电话解雇你的网站开发工程师。你知道这不是什么令人愉快的差事，于是你就一直没打这个电话。但这么做有个问题，那就是原本的工程师只要还在位，你就没办法雇用新员工，这使得网站信息的更新受到延误，而网站信息的滞后直接限制了网站盈利收入的增加。这种"捡了芝麻，丢了西瓜"的现象非常普遍。首先，检查这项任务是不是可有可无？不是。其次，这项任务是否可以委派他人完成？有可能，但如果没法分配给其他人，那么你可以把打电话这件事情分解成以下步骤：

- 找到这人的电话号码，记录下来。
- 写下你想要说的话以及你将怎样说这些话。

- 做好最坏的打算。在这种情况下，这可能是对方非常情绪化的或者非常敌对的反应，那么你可以准备好说这样一些话，比如："很抱歉这件事情让你如此烦恼，我会给你发一个书面声明，表明我们之间的合同将不再生效。"如果这听起来好像整个事情即将变成一个法律问题，告诉对方剩下的事情将由你的律师出面解决。大多数情况下，这种最坏的情形并不会出现。

- 现在不要去想这个任务会怎样，而是想想结果会怎样。一旦你打完这个电话，你将会感觉多么轻松？不用再为这件事感到烦恼将会多美好？用这种积极的预期激励你完成这项任务。

"良好的开端是成功的一半。"

古罗马诗人贺拉斯（Horace），

公元前 65—公元 8 年

有人觉得把大任务分解成很多小任务挺傻的，但这确实是一个让你行动起来的好方法。比如，你决定要一个礼拜去健身房锻炼三次，但实际发现自己不太愿意这么做。那么先这样，拿着你的健身包跨出自家大门，告诉自己，如果你不想去健身了，就可以立刻回家。事实上，一旦你拿着包走到门外，很有可能你就会真的去健身。

同样，如果你要写一份报告，试着先开始写出第一句，很有可能你就会继续写下去。

现在就试试。找一个和你的目标相关的而你一直都不想去做的任务，把它分解成三个或更多的小部分。

任务：_____

部分 1 _____

部分 2 _____

部分 3 _____

部分 4 _____

部分 5 _____

部分 6 _____

你觉得今天就完成第一部分怎么样？如果行的话，你可以现在就开始做，并且享受开始实施任务所带给你的满足感。如果你觉得还能继续，那么接着做；否则，把部分 2 放到你明天"即将要做事项"清单中，第二天再做，这样一天一天继续下去，直到你完成这项任务。

谁说你必须从头开始

很多情况下，你并不需要从头开始。打个比方，我在教那些写作有困难的人写文章的时候，我会建议他们准备一盒索引卡，记录下一天中他们脑子里所冒出来的所有想法。这个方法可以很容易地运用到书写商业计划、开创新发明，或者任何其他大目标的实现过程中。把这些卡片收集起来，差不多每周都拿出来翻一翻，看看这些想法是不是能拿出来用，或者这些想法能不能促使你想到其他主意。然后再决定你现在能做这一大项工作中的哪一小块。如果你正在写一部小说，你可能已经对最后的关键场景进行了设想，那么完全没理由不先把这个场景的情形写下来，然后再完成之前的其他剧情。如果你正考虑开创一种新产品，而你早就想好了新产品要怎么包装，那么你完全可以在产品完成之前先处理包装方面的工作。如果你选择以做你觉得有意思的事情为开始，这么在做的同时你已经为剩余的工作准备好了冲劲。

花一分钟想想你的某一个目标。这个目标的哪一部分对你来说是最有吸引力的？不管它们是否与逻辑上正常的开头相关。哪些部分能让你足够激动到想要今天或者明天就立即开始？

捕捉你的灵感

如果在灵感乍现的瞬间你没能及时捕获它们，你很有可能很快会忘掉这些灵感。你可以用纸、笔，或者索引卡，或录音笔，或者你可以给自己打电话，把这些想法记录在语音邮件上。要经常捕获这些想法，然后决定哪些可以付诸行动。

创造心流

你可能对"心流"的概念比较熟悉，米哈伊·奇克森特米哈伊（Mihaly Csikszentmihalyi）教授对这一概念进行了深入的阐释。当"心流"状态出现时，你常常无比投入于你所从事的事情，而失去了时间的概念。这是一种令人愉悦的经历，在这个经历中，你仿佛成了你所做事情的媒介———一种紧张而又容易的专注状态。问题是，你要怎样创造这样一个状态，而不是一味地等待并希望这个状态自然发生？这里有三个关键因素：

1. 选一个刚好在你能力范围之内或者刚刚高出你能力范围的任务。要是这个任务太难或者太简单，你都不会进入"心流"状态。因此，如果你想写些东西，把这个任务分解成你能够处理的部分。这可能是撰写大概的框架，可能是列一个关键点的清单，或者在脑子里先绘制一张目标地图。像这样写下一个和你的目标相关的任务。

_____

_____

2. 确保任务包含即刻的反馈。这样你便能在任务执行过程中随时了解任务的完成情况，是完成得好还是不好。比如，你可以开始设定一个要写一定字数文章的目标，或者在你第一个工作时间内获取某一特定信息。一般来说，你需要在任务前期拥有乐观积极的感觉，渐渐地这项任务可能会让你非常投入，使得你不再去想怎样做这个项目或者项目做得怎么样。写下能够给你带来这种反馈的方法。

---

3. 创造一个注意力分散点尽量少的环境。同样，稍后在这一过程中，你可能会非常投入，以至于你甚至注意不到电话铃响之类的事，但是如果你能在一个容易集中精力的地方开始工作，这显然更有益处。这也包括预留一段时间，在这段时间里，你不会觉得自己必须要去做些其他的事情。写下在何时以及何地你会集中精力做之前所选择的任务。

安排一些时间来处理对你的最高价值目标有益的任务，创造上面所描述的所有条件。带着这种想法进行工作，那就是如果"心流"出现，这自然很棒，但如果"心流"并没有出现，你还是能做成很多事情（那种精神状态会让你不至于总是用"我进入'心流'没有"这种问题来分散自己的注意力）。

充分利用零碎时间

分解策略同样适用于时间。把那些零散的时间利用起来，我们可以做成很多事情。只是这需要一些新的策略，这里有三点建议：

- 在你的电视节目表里放上一张便笺纸，上面写着"下午7点半到8点半，目标时间，我自己主演"。然后把你平时看电视的一小时或半小时时间用来进行工作。从现在开始的一年以后，你会更后悔做了什么：没看成新的一季《X音素》(*The X Factor*)[⊖]，还是在实现你最重要目标的道路上，没有任何进步？

- 在你的购物清单上，加上"为实现目标奋斗20分钟"。当你外出购物时，在购物前或者购物结束后，去附近的咖啡店花20分钟在你的项目上。

- 下次当你的孩子或者伴侣想让你去看一场你自己其实不怎么想看的电影时，你可以和他们一起去电影院，让他们进去看电影，然后你到附近的咖啡店做和你的目标相关的事情，直到他们看完电影。然后你可以带他们去吃冰激凌，让他们告诉你关于这部电影的一切。

在群体中创造"心流"

奇克森特米哈伊提出了一些可以依靠群组刺激"心流"的方法，包括：拥有一个多元化的群组；不用桌子，这样人们只能站着或不停走动；很多记录观点的方法，包括图形和图表；轻松的氛围。

⊖ 由"选秀节目之父"英国娱乐电视大亨西蒙·考埃尔（Simon Cowell）创办的美国版 *The X Factor*，即《X音素》唱歌选秀类节目。——译者注

发明你自己的障碍克服策略

本章提到的所有策略都是为了使你之前想要逃避的任务变得更容易做，做起来更有意思。除了上面提到的，还有些其他方法，包括：

- 做这些工作的时候，听一些你喜欢的音乐。
- 和你喜欢的人一起工作。
- 当一件事情完成时，给自己一定的奖励作为回报。
- 和别人打赌你一定能完成这些工作，要保证赌注是你真正会心疼的东西。

你可能很清楚最能对自己起到激励作用的东西是什么。有的人会对回报有更好的反应（获得晋升），而对有的人来说，惩罚更有效（失业的威胁）。对于你而言，最有效的是什么呢？写出三种你会用来使你曾经想要逃避去做的事情更加容易的技巧或策略，这些技巧或策略可以是这一章里提到的，也可以是你自己想出来的。

1. _____

2. _____

3. _____

下一步是什么

现在，当你为自己的目标努力时，你知道秘诀是什么了：你需要为专注于所有事项中最重要的20%制造空间，并且你需要让做困难的事和容易的事一样充满乐趣。在下一章节中，你将学会使用另一个关键策略：专注于已经奏效的事情。

第 5 章

如何专注于已经奏效的事情

你知道吗？在为成功而努力的过程中，大多数人专注的焦点都不是他们真正应该做的事情。这千真万确，很可能过去你也犯过这种错误。一旦这个问题得到纠正，你将很快获得成功。

这个错误的策略就是专注于你的弱点，而不是你的强项。我们来看看一些非常成功的人物和品牌的例子，看看他们都是怎么做的。唐纳德·特朗普（Donald Trump）⊖和

⊖ 唐纳德·特朗普，曾经是美国最具知名度的房地产商之一，人称"地产之王"。依靠房地产和股市，特朗普拥有纽约、新泽西州、佛罗里达州等地黄金地段的房地产，并且创建了"特朗普梭运航空"，也是新泽西州"将军"职业足球队老板。——译者注

理查德·布兰森（Richard Branson）⊖都非常擅长自我营销，他们很清楚要怎样把每个新投机都变成一个新闻事件，而通常情况下，他们所操作的项目并非是用自己的钱。他们自己本身就是极具广告效应的品牌，他们专注的正是这一品牌效应。至于生意上那些具体的事情，则分配给其他人来打理。

这和产品的品牌效应有着异曲同工之妙。所有苹果产品的关键特色就在于完美的设计。苹果产品并不是要成为最便宜的或者最流行的产品。而沃尔玛超市的目标就是要做世界上最便宜最大的超市，并由此成为零售行业最为成功的佼佼者。

大多数人对于专注的态度恰恰相反。他们找到自己的弱点，然后一直专注于这个弱点，想要强化自己的弱项。当他们忙于把自己并不擅长的事情做得马马虎虎时，他们便错过了将这些时间利用起来做一些以他们的能力可以取得很出众成绩的事情。这便是平庸的原因。

当你做 80/20 分析时，通常你会发现给你带来最多价值的那 20% 是你已经在做的事情，只是你做得还不够多。同样，在寻找会帮你取得成功的策略时，聪明的做法是先考虑

⊖　理查德·布兰森，全称理查德·查尔斯·尼古拉斯·布兰森（Sir Richard Charles Nicholas Branson，SRB，1950 年 7 月 18 日—），是英国著名企业维珍集团总裁。1999 年，英国伊丽莎白女王册封布兰森为爵士。集团旗下包括：维珍航空（英国航空的主要竞争对手）、维珍铁路、维珍电讯、维珍可乐、维珍能源、连锁零售店维珍唱片行以及维珍金融服务。——译者注

那些对你来说已经起效的策略，然后多运用这条策略，或者把它运用到更多的挑战中去。通过阅读本章，你会发现自己的强项，并且学会怎样发挥这一优势以使其对你的人生产生最大影响。

"每个人都应当注意感受自己内心最向往的方式，然后竭尽全力地选择这个方式。"

哈西德派[⊖]谚语（Hasidic Saying）

这一点实在是太重要了，所以我不得不再重复一遍：假若你想成为任意领域中那 5% 的胜者，你需要多做你擅长的事，少考虑要把你做不好的事做得更好这样的问题。这非常符合逻辑，对吗？如果你已经在一些事情上做得很好，那么再在上面多花一点精力，你就会把这件事情做得非常完美，你就能把大多数同样做这件事情的人远远地甩在身后。反过来说，一件你没办法做好的事，你努力想要能够做得更好点，结果很可能是你花费了很多时间和精力，做了很多工作，只不过拿到一个很普通的成绩。当然，你不能无视那些必要的你却做不好的事情，但你可以把精力放在找一些能把那些事做得比你好的人去做这件事情上，然后把这些事情分配给他们去做。举个例子，看看这些工作，哪些会让你激动不已，哪些会让你感到惧怕？

　　⊖　美国犹太教中，正统派中的一派。——译者注

- 报账
- 在公共场合讲话
- 设计网页
- 头脑风暴演讲会
- 构建社交网络
- 市场营销
- 会议

这里所列的内容没有哪一条是本来就令人生厌的,除了报账。开个玩笑。不过我确实不喜欢做报账的工作,对于这件事情,我是打心眼里害怕,但却有人就靠这门技术过日子,我本人非常喜欢在公共场合演讲,但有的会计无论如何也不愿意在一群人面前说话。这并不仅仅是关于你所喜欢的事情这么简单。我其实挺想学学网页设计,但是我意识到这样我的时间可能就没有得到很好的利用,并且我很可能根本没办法做的和专业人员一样好,所以一般我都会让别人来做这件事情。利用一些网络在线服务,找人来做你没法做的或不想做的事要比以往容易很多。

你的强项是什么

我敢打赌,如果我问你,你最大的弱点是什么,你可能毫不费力地就能把它找出来。然而,对于大多数人来说,找出自己的强项就没这么容易了，虽然了解这一点很重要。因此，让我们把你的优势、你所擅长的东西都找出来。对于以下问题，写下第一时间出现在你脑中的答案。

1. 论及观点创新，你最大的优点是什么？

_____

2. 对于表达自我，你最擅长的是什么？

_____

3. 和他人打交道方面，你最擅长什么？

_____

4. 完成任务方面，你最擅长什么？

_____

当然你肯定有自己想做的事情，做这些事也确实是你的强项，但你却并不总是能充分发挥自己的能力做到最好。在这种情况下，要找到做这些事情的更好方法就是回想一下以前你确实做得很好的时候，都采用了哪些方法。

你何时做了正确的事

我的一名职业为作家的学生告诉我说，她开会的时候"总是"迟到。这些会议对她的工作很重要，参加这些会议也并非让她感到不愉快，她也并不是不想参加这些会议，可她就是会一直迟到。那些编辑、代理商或其他一些不得不一直等着她的人自然没法对她产生好感。

进一步的分析之后，我们发现有一个重要的例外情况：这名作家从来没有错过航班。很显然，当她要赶飞机时，她所运用的是完全不同的另一种时间模式。问题是她在那些场合采用的不同做法也可以运用到一些她需要在某一特定时间到达某一地点的其他场合中。

她的回答是，当她需要乘飞机去某个地方时，她会提前一天打包行李并且做好一切准备。然后我们又比较了对于参加其他活动她所做的准备工作，虽然这相比较于乘坐飞机工作量要小很多，结果却与其大相径庭。

这里有些相关问题，可能会对你有所帮助。

- 一般情况下你做事都会拖延，但在做什么事情时你不会拖延？
- 一般情况下你都不会完成已经开始的工作，但偶尔也有例外，那这些例外有什么不同？
- 一般情况下你工作日的工作都不是从做最重要的事情开始，但有时你确实是这样做的，这些时候和平时有什么不同？

对比徒劳无益的模式和那些例外，你会找到改变的线索。而这些问题本身常常都有解决的办法。

你现在就可以试试这个方法。

1. 首先写下一件你通常没法做得跟自己想象中一样好的事：

_____

2. 现在想出至少一次你曾经做好的时候：

_____

3. 你曾做好的那次有什么不同之处？

_____

4. 下一次你需要做相同的工作时，你将如何运用这一策略？

_____

留意事情发展好的时候

一个比较好的养成使用最有效做法的学习习惯，就是在这些好的方法出现时，及时注意到它们。我们大多数人并没有这么做，当事情发展得非常不好时，这会引起我们的注意，而当事情发展得比较好的时候，我们大多却不以为然。从现在开始，在每天快结束时，花点时间回顾一下当天发生的事情，注意那些对你有效的事物，并想想这些事为什么会对你有效。比如，你终于处理完积压了很久的邮件，为什么今天做这件事好像挺容易？可能你给自己设定了一个在 30 分钟内处理完所有邮件的时间期限，因为时间很有限，你便没有被那些有趣但却不相关的邮件分散注意力，或者你发现了一个新的系统文件夹使用方法，这能够使你更加有效地对邮件进行分类。

> **你的每夜回顾**
>
> 　　一个能让你记得回顾每天以及回顾你能从那些进展好的事情上学到些什么的好办法，就是把回顾工作和你每天晚上都要做的事情联系起来，比如刷牙。你可以在身边放好纸笔，这样方便你随时写下自己的想法。

　　现在再花点时间想想你可以怎样把这些确实有效的技巧运用到目前你所面临的其他挑战上去。你是不是也可以为你计划要写的报告设定一个类似的截止日期？比如在某某时间必须完成粗略的第一稿？你是不是可以利用新的邮件文件夹系统来提高文案工作的效率？

　　最好是能把所有有效的内容都记录下来，这样将来遇到困难的时候，你就可以看看这份清单，然后找出已经被证明有效的方法来帮助自己解决这些新的挑战。这种方法最妙的地方在于你其实是在向自己学习，并且你知道这些技巧确实是有效的。

学习巴甫洛夫和他那些流口水的狗

　　你有没有看过或者听说过关于巴甫洛夫的狗的故事？这位俄罗斯科学家每次在喂狗吃东西的时候都会摇铃。这些狗在看到食物的时候都会流口水。过了一段时间之后，他只需要简单地摇摇铃，那些狗就立刻会条件反射地开始流口水。它们对于食物和声音的联系紧密到尽管没有食物，但一听到铃声，它们的身体就会立即作出反应。你可能会奇怪这和我们所说的事有什么关系，大概因为你对于让狗在不必要的时候流口水这件事情并没多大兴趣。这一相同的"经典条件反射"现象却是你可以拿来为己所用的方法。

在巴甫洛夫的实验室里

我对他进行了训练。
每次铃声一响，
他就会做一次实验

有的时候你确实可以状态极好地完成一件事，只不过对于我们大多数人而言，那些体力和脑力状态是可遇而不可求的，它们并不在我们的掌控之中。如果你能在需要时随时到达那种状态，那该有多好？答案是，你真的可以。秘诀就是使用巴甫洛夫所使用的原理。一旦你意识到自己处于一种产出能力特别强的状态时，把它和一种声音进行关联（比如，一种你用 MP3 播放的特别声音，切记要选择一种平时你并不常播放的声音），或者一种气味（例如，薄荷油的味道，抑或是你平常不太用的一种须后水或香水的味道）。你这么做过几次之后，这种精神状态和其他元素就会联系起来，直到形成那种一旦你听到这种声音或者闻到这种味道，积极状态就会出现的情形。我们将在下一章谈这种方法的一个变体，你将学习如何利用"第二自我"策略。

你在何时何地获得最好的主意

由英国电信公司（British Telecom，BT）和《今日管理》（*Management Today*）杂志所做的一项研究表明，2/3 的管理者均表示他们最好的主意都是在工作之余产生的。你最好的主意是在什么时候、什么地方产生的呢？典型的答案是：

- 洗淋浴的时候
- 泡澡的时候
- 剃胡子的时候
- 开车上班的路上
- 乘坐列车或地铁时
- 打高尔夫的时候
- 走路或慢跑的时候

- 在床上，刚醒来的时候
- 在床上，刚要睡着的时候
- 电视节目插播广告时
- 在健身房里

如果上面所提到的某些时机和你得出最好主意的时机相吻合，用圆圈做出标记。如果你的答案和上面的都不一样，那么把它写出来。

_____

_____

就像我们注意到的，好的主意出现时，我们应该在自己分心前、在这些主意消失前及时把它记录下来，这一点至关重要。在房间里你容易产生想法的地方随处放些纸笔：浴室、床头、客厅沙发边、厨房。如果你在一些不方便写东西的地方产生了好的想法，比如在慢跑或锻炼的时候，你可以考虑随身携带一个小型数码录音笔或者 MP3 播放器，我们可以在这种情况下采用录音的方法。

"在你分心前捕捉好的主意很重要。"

如何利用白日梦

很不幸，我们在成长的过程中，一直接受着这样的教育：白日梦很愚蠢，很浪费时间。然而，这正是你在洗澡、走路、在健身房跑步机上跑步时所做的事情，也就是在这些时候，突然间会有一个想法出现在你脑中。这信息来自你的潜意识，而你的潜意识中则充满了各种你在清醒时所做的事。虽然我们并没有什么方法能促使这种多产的白日梦生成，不过确实有些方法能使这些白日梦出现的频率更高。如果你想要这种白日梦出现得更多，那么就需要：

- 用更多时间来做那些使你有可能产生想法的事情（例如，泡个长澡）。

- 当有主意产生时，不要立即对它们进行评判。一个消极的主意会很快扼杀新的主意。即使你的直觉告诉你这个主意并不现实或者并不相关，不要放弃这个主意。它可能会引导你想出另外一个有用的主意。

- 永远不要逼自己去想，而是让这些主意自己冒出来。比如，如果你想知道怎样才能做一个有力的演讲，你可以回顾过去你所看到的那些效果好的和效果差的演讲，然后注意你的脑中会出现什么想法。如果这些想法出现，不妨娱乐一下，想想那些"疯狂"的主意，比如霍默·辛普森（Homer Simpson）㊀会怎样进行演讲……

㊀　霍默·辛普森（Homer Simpson）是美国电视动画《辛普森一家》中的一名虚构角色，辛普森一家五口中的父亲。——译者注

隐藏的想法来源：夜晚所做的梦

人们早就知道很多伟大的作家都曾受到过他们所做梦的启发，包括创作了《化身博士》（*Dr Jekyll and Mr Hyde*）的罗伯特·路易斯·史蒂文森（Robert Louis Stevenson）。英国著名歌手保罗·麦卡特尼（Paul McCartney）在梦中获得了歌曲《昔日》（*Yesterday*）的曲调。沃克夫人（Madame C.J. Walker）⊖做了一个梦，有人在梦里告诉她怎样对护发产品进行混合，这使得她成为全美第一位白手起家的百万富翁。如果你从来都记不住或者不曾写下你做过的梦，你可能会错过很多信息。

研究表明，你甚至可以在梦里解决很多具体的问题。《睡眠研究期刊》（*Journal of Sleep Research*）（2004 年 12 月刊）曾报道过一篇文章，该研究要求 470 名被试记录他们的梦，并且对这些梦的强度、情绪和影响方面进行评分。参与者还被要求回忆前一个星期所发生的事情，之后由独立裁判对这些梦进行评估，以找出这些梦是否含有解决那些事件所引发的问题的方法。他们的结论是：梦境确实提供了所出现问题的一些见解和方法。这些方法会在问题第一次出现当天的梦里出现，也会在六七天后出现。

⊖　沃克夫人是 20 世纪初一家大型美容化妆品公司的创办者，是身
　　价百万的第一位美国非洲裔妇女。——译者注

试试结构化白日梦

如果你想用白日梦来解决问题，随便从杂志上挑个词，然后试着想一想，看这个词能怎样和解决方法联系起来。比如，你想就一个新想法的价值说服你的老板，而你所选中的词是"医生"，你的想法可能会引导你达到这样一个见解，医生是一个受人尊敬的权威人物，你可能需要专家支持你的意见。

如果你在快睡觉前把注意力集中在这个问题上，你很可能会获得一个解决方法。我所说的专注于这个问题，并不是说要去担心这个问题，而是把它作为你正寻求答案的问题。然后睡觉。第二天一早写下任何你能记住的梦的内容。如果你从梦境中醒来，那么立即进行记录（因为你很可能会在早上忘记这些内容）。第二天，坐在一个安静的地方看看你所写下的内容。梦境是隐喻，因此问题的解决方法可能会以某种符号的形式出现。让你的思想自由发散，想想你的梦可能在试着告诉你些什么。

下一步是什么

现在你对于激励你通向成功的关键力量有了更好的认

识。当做你认为自己该做的正确事情时,你便拥有了无穷的力量。然而,很多人发现这些力量会被拖延的坏毛病摧毁。在下一章,你将学会如何一劳永逸地战胜那个消极的坏习惯。

第6章
CHAPTER 6

如何战胜拖延

拖延是专注的天敌。当我们拖延的时候，我们会做各种事，但就是不会去做我们所明白的自己该做的事。这是几乎所有人在为目标努力的时候都会碰到的最大问题，因此我们需要花整整一章来好好谈谈这个问题。你会了解其实有很多不同的方法能帮助你克服拖延这个毛病。一旦找到对你最有效的方法，你就几乎能战胜所有的竞争对手。

首先：你确定自己有问题吗

在我们开始看"处方"之前，先保证你确实患有这一"疾病"。如果你一直把事情放着，直到最后一刻才去做，不过最终你还是会完成这件事，并且每次都做得很好，那就不算是拖延。你只是选择把时间花在其他事情上，一直到确实需要来做这一特别的项目，然后你才会做这件事。你可以准确判断做某件事情所需要的时间，你只是不想过早开始做这件事。如果困扰你的唯一问题是其他人把你的这一行为定义为拖延，那么你完全可以无视他们，继续自己的做法，因为这种做法对你有效。

莎士比亚对时间的看法

"宁早三小时，不晚一分钟。"

《温莎的风流妇人》(*The Merry Wives of Windsor*)

"我以前荒废了时间，现在时间便把我荒废了。"

《理查德二世》(*King Richard II*)

拖延的诱惑力

要了解拖延的动力学，让我们来看看诱惑是怎么奏效的。通常情况下，你需要从两个或更多事情中做选择。有时这是一个简单的"是与否"的选择：你是否应该吃这块巧克力蛋糕？有时这是几项活动中的一个选择：你将要在家看电视还是去健身房运动？什么在左右着你的决定？

当英国物理学家、数学家以及天文学家艾萨克·牛顿（Isaac Newton）发现运动定律时，他也不经意间发现了一些人类活动的定律。人们常会提起的牛顿第一定律是：

> 任何物体在不受外力作用的条件下，都将保持静
> 止或匀速直线运动状态。

这条定律反映到人类行为方面，就是躺在沙发上休息的人倾向于继续躺着休息。处于向某方向运动的人（比如，享用一顿丰盛的晚餐）将倾向于继续此方向上的运动（吃一大块巧克力蛋糕作为甜点）。

所以，为了改变方向，我们需要做些努力。但为什么做这件事会这么难呢？比如，吃健康的食物、锻炼或者有分寸地做事，而不是一直拖到最后一秒才做。

一个原因就是"错误"的选项在当下显得非常有吸引力。"正确"选项的吸引力（或者忽视正确选项的惩罚）在当下显得很弱，它的吸引力要经过长期才能体现出来。关键问题是：通常而言，"正确"选项很久之后才能给我们带来回报。"错误"选项的回报则是立竿见影的。因此，"错误"选项的吸引力会比较强。

举个例子，假设接下来我选择花几个小时浏览网页，这马上就能给我带来欢乐。可能我确实应该写那份两个礼拜后就该交的报告，不过就算我现在不写报告，也不会有什么惩罚或者不利情况出现。惩罚会出现在一个礼拜后，当我意识到自己已经无可救药地远远落在别人的后面；或者两个礼拜

之后，当我错过了截止日期，客户对我大发雷霆。

这是另外一个关键的不同：短期选择常常与我们强烈的感觉和情绪有关，而长期选择因为并不在眼前，只是和我们的智慧相关。

在情绪和智力的对决中，你觉得谁的胜算更大？提示：看看我们周围的世界，看看战争、环境的破坏和普通人的债务平均水平，答案不言自明。

巧克力蛋糕看起来很棒，闻起来很香，舌尖上的感觉很柔滑细腻，味道好极了！保持身材的想法……呃，嗯，这是个很好的想法……有的时候，比如我们满怀深深的愧疚，这确实有点效果。但不幸的是，这种事情通常只在我们过分放任自己的情况下才会出现。

这里有个办法可以让你每次做出更好的选择：选择"正确"选项的秘诀就是将正确的选项变得和"错误"选项一样生动，一样富有情绪，一样吸引人。怎样才能做到这一点？发挥你的想象力，用比感受"错误"选项更强烈的态度去观察、倾听、品尝、闻、感受"正确"选项。

- 闭上你的双眼，开始想象"正确"选项将带来的结果。这很重要：不要想象你做这件事情的过程，想象最终结果或者一个阶段性的成果。
- 当完成这件事你将看到什么？比如，你刚开始为自己的生意写经营计划，当生意取得成功，你将看到什么？如果你

所经营的生意是一家店铺，你可以想象店堂里充满热情的
顾客。

- 你将听到些什么？你可能会想象顾客称赞你所销售的货
  物，或者把你的生意打电话告诉他们的朋友。
- 你将感受到什么？这可能是最重要的部分，你可能会觉得
  骄傲、开心、兴奋和欢乐。
- 有时候你可以想象一些味道。你可能会想象自己在闻一些
  摆放在柜台上的鲜花的味道。
- 甚至味觉也能成为一个因素。你可能会想象举办一场晚宴
  来庆祝开业，有人向你敬酒，你喝了一杯香槟。

你想象得越生动、越令人兴奋，你就能为开始这项工作
释放越多的力量。

成功的具象化

如果你无法对自己所期待的结果进行具象化想象，
那么开始回忆以前曾给你带来巨大满足感的成功经历。
记住自己全部感官的感受，然后把这些特点转移到你目
前的目标上。

对于本书中提到的所有练习，要多加体验，直到找到对
你自己最有效的形式。比如，有的人会觉得想象生意开业这
么远对于他们来说实在太可怕了；他们可能会先考虑想象取

得用于租赁经营场所的贷款，或者只是想象银行家对于他们刚做完的经营计划给予肯定。

当你想象完那些最能激励你的事情，在睁开眼后继续停留在这种状态，你会突然发现，相比之下看电视或者浏览网页都会显得很无聊。趁着这份新鲜感还没消失，立刻开始执行你的任务。

用锚的力量提高专注

要想让具象化技巧真正奏效，你必须把这项工作付诸行动。要做到这一点，你需要在过程中停顿下来，而不是遇到一点点困难就放弃。这有点像我们前面所说的，记得在生气的时候数十个数，而不是立刻勃然大怒。让理想的状态通过一种能让你轻松做出最佳选择的方式"锚"住，停留下来，这是一个很有效的方法。这样你就不用在受到诱惑时，每次花时间做这件事。你已经从前文以及巴甫洛夫和他的狗朋友实验的来源了解到这种方法。现在让我们看看怎样把这一技巧运用到你想要避免拖延的各种情况中去。

- 选择一个状态，它能展现你对于你倾向拖延的事件的结果的积极感受。假设你总是拖延锻炼身体，那么就用锻炼所能带来的极好的健康能量这种状态。要是你总倾向于拖延长期项目，那么就想想完成这个项目将带给你的快乐。如果你倾向于拖延做行政工作，那么就想想当这些事情都完成之后，你所能感受到的轻松和惬意。

- 站起来，闭上双眼，回忆过去或者展开想象，尽你所能为这个积极的状态创造生动画面。这情景需要包括你经历这种状态的一切，包括看到的、听到的、感受到的甚至于品尝和闻到的一切。
- 将这些感觉不断"放大"，直到它们给你带来足够强烈的感觉。
- 当你到达顶峰时，做一个手势，比如捏紧拇指和食指。将这两个指头捏一秒钟，然后再放开。这成为你的"锚"，你将经历这个状态的一个信号。
- 重复这个过程，多做几次，最好能持续一天或两天。
- 检查一下这之间关系的紧密程度，"抛锚"，也就是做出这一手势，然后检查自己的感觉。如果感觉还是不强烈，那么继续练习。

下一次如果你还是想要拖延，那么做出适当的姿势，你会发现自己比以前更容易做出引导你取得理想结果的选择。

抗拒的原因以及如何进行克服

可能有些更深层次的原因使得你不想做某件事情。如果是这样的话，这将帮助你找到这些原因或者观念，并且克服它们。以下列举了最常见的抗拒种类以及进行应对的方法。

- **因为条件不符**。列出你认为自己需要的所有条件。这些条件都存在吗？如果不是，那么将你的项目分解成若干个小任务，然后问问自己现在这些条件是否足够自己完成第一个小任务。答案很可能是肯定的，那么就做这个小任务，然后再继续做另一个小任务。如果你还有问题，那么就把这些小任务分解得更细。

- **因为我在危机中状态最佳**。如果你是危机爱好者，那么考虑通过其他方式给自己增加这种肾上腺素震荡所带来的兴奋感：蹦极，或许？真的，你可以试着在工作间隙给自己安排一些高难度网络游戏或者高强度的训练。

- **因为我不想做，你也不能强迫我！** 试着对你不想做的事情说不。如果有什么办法可以让你不想做的事情消失，那么尽早去做（比如，通过分派给其他人去做）。如果不行的话，不妨对做这件事会给你带来什么好处进行评估，然后记住这些好处。

- **因为我坚持完美**。允许自己做事不完美。练习不完美地做一些小事，然后观察会发生些什么（或者不会发生些什么）。让自己严格而挑剔的内心缓和下来。

- **因为这会让别人发疯，哈哈！** 如果你的拖延是对那些让你做事的人的一种对抗，那么想想有没有其他更直接的方法来表达愤怒、怨恨或者建立一种控制感。通常最好的方法就是在一开始就不要接受这份工作，如果可能的话。

- **因为这感觉不好**。这并不需要感觉很好，只需要工作完成。但如果你可以把它和一些感觉很好的事情联系起来（比如，在做税单发票分类工作的同时听听音乐），或者在任务完成后奖励自己，这会容易得多。

○ 你的理由是什么？

上面所提到的这些，你觉得哪些和你拖延的理由最接近？

_____

_____

下一次，当你想要战胜拖延的坏习惯时，你会做哪些不一样的事？

_____

_____

如果你还是不确定

可能有的时候，你并不清楚自己为什么会拖延，把这个问题弄明白了，这会对你克服拖延的毛病大有益处。在那些情况下，问自己一些问题将会很有帮助。以下句子填空技巧对此非常有用，因为这能帮你把潜意识里隐藏的想法挖掘出来。一旦真相浮出水面，你就能用我们所谈到的技巧来处理相应问题。如果现在你正拖延着什么事，试着立刻完成以下的句子填空练习；如果没有的话，把这些问题放在身边，下一次当拖延的问题出现时，立即做这项练习。

○ 拖延句子填空

在以下句子空白处填写你脑中最先出现的想法。我正拖延的任务是：

_____

1. 这项任务最重要的是

_____

2. 能帮助我做这项任务的一个人是

_____

3. 我曾经成功完成的一件类似任务是

_____

4. 对于这项任务，别人所不知道的事是

_____

5. 这项任务的一个好的标志是

_____

6. 我知道这项任务被成功完成是当

_____

7. 对于这个问题 / 挑战的一个很好的歌名是

_____

8. 能真正帮助我做这项任务的一种个人品质是

_____

9. 如果我有一把魔杖，它能改变这项任务的一个方面，我想要改变

_____

走出第一步

第一步通常是最难的。相比于处理一项艰巨的任务，拖延、做别的事，这些都要简单得多。在第 4 章，你学会了把庞大的任务分解成小步骤的方法。任务越小，越容易完成，你也会越快地感受到自己在接近目标的路上不断前进。

"任务越小，越容易完成。"

渥太华卡尔顿大学（Ottawa's Carleton University）的拖延研究小组主管蒂莫西·皮切尔教授（Professor Timothy Pychyl）曾揭露了该方法奏效的原因。他的系列研究表明，根据不同的行为模式，可以把人分为两类：行动导向型人群，这类人群可以在不同任务间自由变换；状态导向型人

群，这类人更容易拖延，更容易遭遇不确定、挫折、空虚以及内疚感。如果你是状态导向型的人，皮切尔教授建议你首先认同自己不愿意做这件事情，然后许诺你只做 10 分钟。当你即将到达自己所规定的时间时，你的状态很可能将发生改变，你可以继续做这件工作。

莱恩迈出保持体形的第一小步

健身时间

你还可以对小块任务策略的外延进行拓展，比如在通向目标的过程中设置一些有纪念意义的里程碑式节点。研究表明，这种做法的力量非常强大。根据一份由麻省理工学院（Massachusetts Institute of Technology，MIT）斯隆管理学院（Sloan School of Management）心理学家丹·艾瑞里（Dan Ariely）和法国欧洲工商管理学院（INSEAD）克劳斯·韦滕布罗赫（Klaus Wertenbroch）于 2001 年所作的一项关于拖延的研究，两组相同水平的人完成同样的任务，对实验组仅给出最终截止日期，而对照组则给出了每周须完成任务的截止日期。研究结果表明，只有一个截止日期的实验组平均完成任务的时间要比预定晚 12 天。而设定每周截止日期的对照组平均仅比预定时间晚半天。

具象化

对于大的项目，你可以画一个类似温度计的进度表，将需要完成的任务以间隔形式在表中进行标注，并且标出目标日期。在完成每项任务后用彩笔涂出已完成的部分。把这个"温度计"放在你（最好也包括其他人）每天能看到的地方。

拖延以及你的"任务"清单

大多数人在处理"任务"清单时可能都曾有过拖延的经历。除了运用我们所提到的那些方法，弄清楚自己属于哪种人同样会有所帮助。大致有三种基本类型的人：

1. 清教徒：这些人首先会去完成最困难的任务，然后再享受做剩下那些容易的事的过程。这些人会先吃掉一串葡萄中最小最不成熟的那颗。

2. 享乐主义者：这些人首先会去做一两件容易的事，然后再慢慢开始做其他一些更复杂的事。这些人会先吃掉一串葡萄中最大最成熟的那颗。

3. 赌徒：这些人会把任务写在分类卡片上，然后闭上眼，把这些卡片的顺序弄乱，然后再根据所出现的卡片顺序来做事。（不能重新洗牌！）这种做法正符合赌徒对于不可知事件的热爱。

哪种是最好的？对你来说有效的就是最好的。把这些方法都试一遍，然后采用能让你在一天中完成最重要事情的方法。

下一步是什么

现在你对于战胜拖延、对于专注于将加速使你获得成功的方法有了更为深刻的理解。在第三部分，你将发现一系列能够使这一旅程更加简单、更加迅捷的开创性工具。

PART 3

第三部分

专注工具

第 7 章

如何利用"第二自我"策略

通过前面几章的学习，你已经知道应该如何利用自己的优势把精力集中到目前最重要的事情上。不同的任务要求不同的精神状态。举个极端的例子：税单分类和为新产品命名的对比。好消息是无论你是否知道这一点，你其实已经拥有这些状态。通过本章的学习，你将明白怎样对精神状态进行选择，以及利用这种力量来改变你对时间的运用方式。这么做的结果就是你能够最高效地将最多精力集中在所有需要完成的任务上。

你拥有多重性格

研究表明，每个人在不同情况下都会保持一种稳固不变性格的看法根本就是无稽之谈。我们在不同情况下会表现出不同的性格特征。同一个人在有的情况下会很慷慨，而在有的情况下可能很小气；有时会很温柔，有时会很好斗，等等。

"我们在不同情况下会表现出不同的性格特征。"

有时候我们会如何表现和我们跟谁在一起有关。即便是成年人，当和父母在一起的时候也往往会表现得很孩子气，或者会表现得比较好。

一致性的两种看法

"一致性要求你今天和一年前一样无知。"

伯纳德·贝伦森（Bernard Berenson，1865—1959），美国艺术史学家

"一致性是想象力极度缺乏的最终避难所。"

奥斯卡·王尔德（Oscar Wilde，1854—1900），爱尔兰作家，智者

有时如何表现取决于我们所承受的压力大小。可能你有过和一位平时脾气很好的人共事的经验，当他们被逼到一定程度的时候，也会勃然大怒。事后他们可能会说，"不好意思，我刚才有点儿冲动"，但其实这也是他们自己，只不过这是你不常看到的不同的他们而已。

这种性格的不一致性并没有什么问题，事实上，我们在不同情况下会有不同的反应很正常。只是大多数人并不清楚他们其实可以选择反应方式，不清楚他们所拥有的选择代表了很大的潜在资本。非但如此，人们总是倾向于把他们的情绪、态度甚至行为归咎到外部因素上，他们会这样说：

- "我被他气坏了。"
- "当她用那种眼神看着我的时候，我就是没办法说不。"
- "当我的待办事项清单越来越长，我没法不抓狂。"

你确实可以选择

"第二自我"策略关于决定你的众多性格中哪一条对给定情景最有效，以及让这一性格进行主导。我把这些性格称作你的"第二自我"。让正确的性格做主，你会发现自己的办事效率可以变得更高，并且所需承受的压力也会更少，甚至你会觉得做这些事很有乐趣。

你可以在需要对某一情形进行反应时或者计划做某一任务时对"第二自我"进行选择。首先，如果在某些情况下你的反应总是毫无建设性可言，你可以停止做出这种反应，用其他方式进行替代。这么做的一个例子就是在你愤怒的时候"从一数到十"。在不满情绪不断上升的情况下，这给了你时间考虑不满情绪是否真的有用，也给了你时间重新进行反应。即使"急性子的你"想要控制场面，你还是可以选择让"坚定而冷静的你"来处理问题。

当你着手处理一项任务时，这同样有效。假如你得打扫车库，但你真的不想做这件事。你宁愿四处闲逛，或者看看今天早上刚寄来的杂志。你可能会拖拉着不去打扫车库，或者你可能会强迫自己清理车库，但你还是会想着出去逛逛或者看看书要比这有意思得多。如果你做后者，这项工作很有可能会花费你更多的时间，完成得也很一般，当然也没什么乐趣可言。

你可以把"第二自我"策略运用到下列这些情景里。

- 假装你将要雇用别人来帮你做这项工作。你想要这人具备怎样的品质和态度呢？这可能包括专注、不分心、能理智（不感情用事）地判断什么该扔掉、有效率、动作快且目标明确。

- 回忆你曾经表现了这所有或大多数品质的时候。这和你手头上哪些工作无关。你可以把记忆中不同的事组合起来（比如，你精神完全集中的时候和你非常理性地对待所需处理的事项的时候可能是两件不同的事）。

- 现在站起来，然后利用你的记忆进入那种状态。闭上双眼，花几分钟来完全投入这种状态，这会比较有帮助。当你通过这种方式进行感受时，记住你所看到的、你所听到的（比如，你对自己说了些什么，别人对你说了些什么）

以及你内心的感受。如果你对此并没有什么很深的印象，用你的想象力创造这些感受。给这个状态的自己取个有意思的名字会很有帮助。

- 现在让"第二自我"来负责，做你需要做的所有事情。如果你发现自己忽然有些分神，那么赶紧打住，立即引导自己进入理想状态。举个例子，你在清理车库时发现了一些过期的杂志，你忍不住翻看起来，那么赶快停止这么做，重新集中精力，做你该做的事。

"第二自我"类别

这里列举了一些可能会对你有用的"第二自我"。

- 钱小姐（Miss Moneypenny）：理性、能干、保守。是准备税务、决定购置物品的好人选。

- 匈奴王（Attila）：坚强，始终清楚目标所在，不屈服。如果曾经有人盛气凌人地欺负你，让你不能做自己喜欢的或者需要的事情，或者当你处理手头工作时受到很多外界的干扰，这会是很好的人选。

- **阿尔伯特（Albert）**：能够打破陈规、别出心裁地想问题，不惧怕失败或他人的嘲弄。当你需要创造力时，这是很好的人选，是头脑风暴的很好选择。

- **大孩子（Big Kid）**：幽默、爱冒险、思想开放。当你发现自己对事太严肃认真时，这是个好选择。

- **超人（Mightyman/Mightywoman）**：坚强、自信、能干。当需要信心，比如在做演讲、拨打并不太肯定的电话时，你需要这样的人选。

- **哈耳摩尼亚修女（Sister Harmonia）**：温柔、善于安抚、致力于为有关人士寻求双赢局面。是在和通情达理的人进行协商时的有利人选。

更多"第二自我"

如果你无法建立自己的"第二自我"，花一个上午看点动画片，然后选一个最能代表你所希望的情绪的角色。如果你需要快乐，海绵宝宝则能派上用场。

以上是我觉得会有用的一些"第二自我"，你可能觉得想些属于自己的"第二自我"会更有用。可能在一些情况中，你还需要变换自己的性格。举个例子，如果"哈耳摩尼亚修女"在谈判中无法取得任何成效，在必要的时候，我们就需要"匈奴王"来接管这件事！但我希望你能明白，如果我们不加任何考虑地就让错误的人选来负责某件事情，结局会变得非常糟糕。你肯定不希望"大孩子"来做查收税单的事，或者让"匈奴王"参与你和潜在客户的初次会谈。

从现在开始，你可以从自己的多重性格中选择合适的来主管某件事情。这一过程的简略步骤如下：

1. 分析手头的任务。处理这项任务需要什么品质？

2. 用你的记忆或想象力创造或再造一个拥有那些品质的人，然后进入这种理想状态。给"第二自我"取个名字。

3. 让"第二自我"主宰你，直到任务完成，或者直到你到达某个需要另一个"第二自我"的时刻。

4. 完成这项任务，然后自觉地从这种"第二自我"中退出，进入到更典型的自我中，或者进入另一种更适合于你将要做的事的"第二自我"中。

试着体验一种"第二自我"

现在是时候体验这一技巧将会怎样对你起作用了。在以下横线上写出三个典型的任务，对于这些任务，你觉得换个时间会比现在处理得更好。具体的例子可能包括处理邮件、完成积压已久的行政工作、给潜在客户打电话或者开始新项目。

任务 1：_____

任务 2：_____

任务 3：_____

为你将要处理每个任务的"第二自我"命名。比如，有时我发现在让"大孩子"处理邮件的时候，我会去看所有有趣的链接，会分神浏览一些新闻，等等。结果，一个小时后，我还是没把邮件处理完。

通常会处理任务 1 的"第二自我"：_____

通常会处理任务 2 的"第二自我"：_____

通常会处理任务 3 的"第二自我"：_____

在以下空白处，为你觉得能够更好处理该任务的"第二自我"命名。在我之前的例子中，可能"匈奴王"会更合适，因为他在处理不重要的邮件时会毫不手软。

更适合处理任务 1 的"第二自我"：_____

更适合处理任务 2 的"第二自我"：_____

更适合处理任务 3 的"第二自我"：_____

最后，在下面的空白处写出你觉得更有效的"第二自我"将会如何处理任务。如果你觉得有必要，可以花点时间闭上双眼，真正进入角色。继续拿我的例子作比，"匈奴王"会立即删除垃圾邮件，然后迅速将其他邮件整理到文件夹中，以便日后在合适的时间进行处理。在实际回复任何信息之前，我可能想要转换到一种不同的"第二自我"，因为"匈奴王"总是很直接。

新的"第二自我"将会如何处理任务 1：＿＿＿＿＿＿＿

新的"第二自我"将会如何处理任务 2：＿＿＿＿＿＿＿

新的"第二自我"将会如何处理任务 3：＿＿＿＿＿＿＿

雇用你自己来做顾问

能在多种情况下依然保持有效的"第二自我"身份是顾问。通过假装你是自己高薪聘请的顾问来对如何使生活回报最大化进行评估，这能让你对自己的生活获得一种全新的看法。用一种中立的、质疑的态度来对你正在做的事以及做事的方式进行分析，从而发现问题的症结在哪里，哪些方面需要更多或更新的资源，以及其他。

这在你生命中的任何时期都有效：成果可能是赚取一定数额的金钱，或者和你的孩子建立很好的关系，或者使身材变得更好。通常情况下，你总是用"关联"的眼光来看待自己的生活。也就是说，通过你自己的双眼看待身边的一切。当你用一种"抽离"的状态来重新审视自己的生活，也就是说好像从外界来看待你的生活，就像在看一场电影，忽然间你会获得一种全新的画面。要想让这一画面真实形象，你可以站起来，闭上双眼，然后用你的所有感官再造这样一个人。举个例子，如果在你的想象中，这位顾问的个子比你要高，你可能会注意到自己的姿态有些转变。如果你觉得顾问应该不像你自己那样情绪化，你可能会感觉自己的精神状态变得更加冷淡。

就像其他顾问一样，注意什么起作用，什么不起作用，需要什么，什么对其他人有用，然后写下你的建议。

"建议是我们已经知道答案但却希望我们并不知道时所渴望得到的东西。"

艾丽卡·琼（Erica Jong），美国作家

然后再回归到"关联"的状态（也就是正常情况下的你自己），阅读这份报告然后决定你想要接受这些建议中的哪些，并开始将这些建议付诸行动。定期召集顾问来对你的做事方式以及确实有效的变更进行评估。你甚至可以把每个月的第一天约定为和顾问见面的日子。

创造你的终极敌人

一般来说，积极地想问题比较好，但有时策略性的消极

思维也是有所裨益的。你是否曾经注意到人们在对敌作战时是多么地全身投入？敌人越具体越好。你可以通过创造"第二自我"的最终变体来利用这种力量：可能会阻止你前进的任何事物的象征，一个终极敌人。

现实生活中，在大多数情况下，这都不是另一个人，而是你自己的某一方面。比如，如果你正试着要减肥，要塑造一个好的身材，饮食习惯或者健身安排很可能会成为你成功的拦路虎。你可以为这个"敌人"创造一个形象。你可以把它想象成 Blimpo——卡通片里非常肥胖、非常懒惰的一个角色。Blimpo 讨厌你进行锻炼，讨厌你拒绝巧克力的诱惑，因为他想要把你变成另一个他自己。

下一次，当你受到诱惑时，想想你所创造的这个敌人，让 Blimpo 进入你的大脑。做出正确的选择，看着 Blimpo 变得更瘦些，享受敌人被打败给你带来的满足感！最妙的是，这一切都只是你的想象。你不需要把这件事告诉任何人，他们所能注意到的只是你做得比以往都要好。

接下来是什么

通过运用"第二自我"策略，你将能更好地控制自己的行为。当然在这个过程中，你必须和其他人打交道，在下一章，你将学会寻找同盟，学会如何和同盟一起工作，以及像大师一样和人谈判。

第 8 章

如何管理其他人

到目前为止，我们所关注的都是你的行为模式以及你所能运用于自身以加速目标实现的技巧，除此之外，身边人的行为方式对你造成的影响也是不容忽视的。通过本章的学习，你将了解如何克服身边那些人的消极影响并取得他们的支持。

我们都需要支持

缺乏身边最亲近的人的支持，这对你所努力的事而言会是极大的拖累。举个例子，你的另一半、合伙人或者父母对你的目标不屑一顾或者充满怀疑。你能让他们改变模式吗？嗯，当然，但是你只能通过先改变自己的模式，从而使他们的模式产生变化。有句名言对此进行了很好的阐述:"我们通过训练他人以使自己获得正确的对待。"

当其他人嘲笑你的目标时,你可以这么说:"我通常会试着假装自己没有听到这种评论,但无论你是不是故意这样做,我还是决定告诉你,这种话让我很难过。现在你可以决定是否还要继续开那种玩笑,或者严肃地对待我的目标,因为这对我而言很重要。"

如果你坚持采用这种新的处理方式,其他人不太可能继续之前的做法,尽管他们的第一反应可能会是怒气冲冲地走开,或者生气,或者做些不太积极的举动,但至少你打破了旧的模式,并且表明改变是可能的。顺便说一声,那个人很可能会试着把你拉回到以前的模式中,并且他会不止一次地这样做,所以你必须很坚定。

当然,你必须对其他人所看重的东西表现出同样的尊重,即使这件事情对你毫无吸引力,因此在开始试着改变其他人之前,你需要确保自己不会做类似的事。道歉从来不是一件容易的事,但如果你意识到自己确实对目前的关系状态负有部分责任,并且想要改变这种状态,那么这会是一个好的开始。

你没法儿保证别人会表现得和你想要的一样,但通常你惯有模式的一个小小改变会对他人的行为产生正面的影响。你可以像对待自己其他目标一样对待这一过程,尝试不同的方法,直到找出真正有用的方式。

如果你想获取某人的支持，把他的名字写在下面的横线上。

_____

你会对这个人说些什么让他更加支持你？

_____

为什么人们会消极

培训专家朱利安·范斯坦博士（Dr. Julian Feinstein）在《个人及财务机密》（*Personal & Finance Confidential*）中指出，这个世界上的人基本上可以分为积极人士——那些希望获胜的人，以及消极人士——那些希望正确的人士。

> **万能回复**
>
> 美国作家及播音员亚历山大·伍尔科特（Alexander Woollcott）对于那些对其节目持有不同见解的听众来信总是这样回复："尊敬的先生/女士，你可能是对的。"这通常都能让听众不再继续纠缠这个问题。

这是个很棒的见解。那些对新事物或者不常见的事物总是表现出消极态度的人对这些事并没有多少兴趣，他们只是决定不要犯错。因为很多新事物最终都不能成功，要想保持正确，最好的做法就是对新事物采取消极态度。当然，那些领导人、有远见的人以及下定决心的人会一直坚持做某件事情直到最后成功，这正是这类人总是令消极人士恼怒的原因。

如果生活中确实有人拒绝改变他们对于你正在从事的事所持有的消极态度，最好的做法就是直接无视他们。但一定要确保生活中有人愿意分享你的热情和志向。如果你的朋友中没人喜欢你的想法，可能你是时候要去结交一些新的朋友或者同事了。专业团体、社交小组以及其他一些协会是认识这类人的理想场所。

如果你觉得朋友圈里多些支持你的人会有帮助，那么写出你会在哪些地方遇见这些人。

你是否知道人们想要什么

想要他人给你所希望得到的东西，秘诀在于帮助他人获得他们想要的。人们最希望得到什么？日复一日，绝大多数人都在渴望着同一样东西：认同感。我们都希望能够被他人欣赏、关注，希望自己与众不同。当我们还很小的时候，我们就已经在渴望着同样的东西："妈妈，看看我！""爸爸，看我能做什么！"只不过随着渐渐长大，我们学会了要表现得冷静，不去过多地显露出我们对于关注的热切渴望。如果你学会了认可他人，并且能始终如一地要求自己这样做，你不仅会被认为是非常有魅力的人，你还会发现人们都很乐于帮你实现你的目标。

> "我们都渴望被他人欣赏、被关注，希望自己与众不同。"

腼腆学生的案例

如果你对认知的影响力持有怀疑，那么不妨听听这个故事。这是曾接受已故催眠治疗大师米尔顿·埃里克森（Milton Erickson）治疗的一位年轻女士讲述的故事。埃里克森因其不同寻常又非常有效的治疗方法而闻名，他所运用的技巧后来成为神经语言程序学（neuro linguistic programming）基础的一部分。一位刚考入大学的腼腆女生拜访了埃里克森。她的情绪非常低落，她感觉非常孤独。埃里克森先生给她开了一剂处方：每天给自己的同学一个真实的赞美。这个赞美必须真实，这意味着她必须把注意力放在他人身上，并找寻她所真正喜欢的东西，这样她的赞美就不会被认为仅仅是奉承。

三个月后，她成了校园中极受欢迎的学生之一，而她的抑郁和孤独已经成了过去。

如何认可他人

极具讽刺意味的是，尽管人们最想得到的东西并不需要我们付出什么，但大多数人对此却非常吝啬。可能我们担心表扬或欣赏感觉会不真诚，或者这样做会让我们感觉自己显得渺小。这并不对，当然，如果你能战胜自己天生的沉默，你会惊奇地发现这会给你的社会关系带来怎样的改善。以下是给予人们所希望认可的一些方法。

1. 学会倾听。大多数情况下，当有人和我们说话时，我们会在听到一半的时候就走神，开始想，要怎样对我们听到的内容进行评论，而不是注意听别人把事情说完。不要这样做，注意倾听他人所说的事直到结束。你依然可以很快给出答案或者评论。第9章对这一点进行了更详细的阐述，专注于语言的卓越力量。

2. 增加目光接触。大多数人在倾听他人说话时都会保持很好的目光接触，但当他们自己说话的时候，情况就不一样了。当然，你想要自然的而不是令人不悦的凝视，即便如此，如果你能增加和对方目光接触的时间，哪怕只增加25%，谈话效果会有很大不同。如果直视他人的双眼会让你觉得紧张，你可以把目光放在他们的双眼中间，或者轻轻地让你的目光在他们左右眼间移动。不过，不要过多地把注意力集中在这件事情上，以免无法注意别人所说的话。

目光接触可能会
做得有点过

3. 以姓名称呼对方。我并不是建议你像肥皂剧里所表演的那样每句话都要以他人的姓名来开头，只是很随意地在谈话中偶尔提到。最自然的做法就是在和人刚见面打招呼时以及道别时提到他们的姓名。虽然这种做法很没创意，不过人们最爱听到的声音确实就是自己的名字。

4. 给出真诚的赞美。这可以是他人姣好的外貌、一件衣服、一件别人刚做的事情或者其他任何事。如果你真心觉得这值得赞美，这些话听起来就不会让人觉得虚伪，即便在你习惯这么做之前还是会感觉有些不真实。你不必做得太过火。这可以是简单的赞扬，比如"那双鞋真好看"或者"你在会上提出的观点很正确，这对事情的进展非常有帮助"。

> **找寻赞美**
>
> 如果想出赞美的内容这件事情对你而言有困难，那就花些时间考虑哪些赞美会让你自己感觉很好，你想要得到怎样的赞美。这些赞美也对别人起作用。

- **当有人做了你想让他们去做的事，要及时注意到这一点并且立即加以评论**。研究表明，动物和人类在某些方面都是一样的：受到奖励的行为会倾向于再次发生。对动物而言，这种奖励是食物，对人类而言，赞美或认可就已足够。这是截至目前规范他人行为最有效的方式。一个心理学班的学生决定在他们的教授身上测试这一理论。他们的课程被安排在一个很大的讲堂里，教授在上课时习惯于在讲台上来回踱步。每当他走到讲台左端，学生们都会全神贯注地看着他听课。每当他走到讲台右边，学生们就不会像之前那样看着他，他们会靠在椅子上，或者表现得对讲课内容没什么兴趣的样子。在上了几次课后，教授就不再两边踱步了，而是定定地站在讲台左端上课，他丝毫没有注意到自己在做些什么，或者为什么要这么做。

- **寻求建议**。人们都爱解决他人的问题，可能因为这样可以让注意力不再集中在他们自己身上。当你向他人征询建议时，这意味着你看重他人的智慧和经验，这对别人来说就是一种奖励。在征求别人意见时，你需要保证自己所选择的事情是自己确实希望采取别人意见的事，至少有时是这样。在接受别人指导后，切记要向对方表示感谢。

- **说谢谢**。重申一遍，不要等到重大事情发生后再表示感谢，这可以是简单的一句"谢谢你在会上对我表示支持，这让我的工作容易很多"，或者"谢谢你给我机会设计网站，相信我们一定能创造出一个特别的作品"。

- **用笔和纸**。在电邮时代，手写的便条或者信件真的会创造出意想不到的效果。美国维克森林大学（Wake Forest University）的一项实验对国会议员心目中电子邮件的分量进行了研究，结果表明：电子邮件在国会议员心目中分量很轻。在他们的心目中，这些电邮和请愿书、群发邮件的效果几乎相同，令他们印象更为深刻的反而是私人信函（亲自到访会更有力）。无论你是给好朋友写信、让别人接受某个新的观点抑或是业务往来，想象一下如果用打字机或者打印机打印了私人信函，但是附有手写的附记，这会产生怎样不同的效果。

你将使用哪种策略

在以下策略中，选择你现在要使用的策略并做上对钩儿标记。

- 更仔细地倾听
- 增加目光交流

- 多提到他人的姓名

- 多赞美他人

- 强化理想行为

- 要求建议

- 多说谢谢

- 使用手写消息

在未来 24 小时内，你能在什么情况下使用这些策略中的一项或者多项？

_____

_____

_____

开始创建彼此欣赏的社会

认可他人的方式有一种特别强有力的变体，这有点儿偷偷摸摸的感觉。刊登于《快速公司》(*Fast Company*) 杂志 2002 年 2 月刊的一篇文章中，哈丽雅特·鲁宾讲述了以下故事。据说波兰军队中的两位女士私下做了一个约定：她们会互相帮助以达到彼此都晋升的目的。当玛格达参加会议，她一定会在讨论时对特雷莎进行赞扬。而当特雷莎写报告时，她会推荐玛格达承担新的责任。没过多久，其他人都在说，"我听说特雷莎非常聪明"，或者"考虑让玛格达来担任某某职位"。

找一个你真正欣赏其工作能力的人，和他做一个类似的约定。当然，这在你们双方之间不存在竞争关系、约定仅限于你们之间、没有其他人知道、互相的赞扬不过于张扬的情况下效果最好。

你可能会考虑和谁建立这种关系呢？

> **做些不一样的事情**
>
> 要想了解更多使业务或服务更出彩的创造性方式案例，维京出版社（Virgin Books）出版的由我撰写的《做些不一样的事》（*Do Something Different*）一书提供了 100个案例分析。

接下来是什么

本章提到的所有技巧有一个共同点：它们为你和为实现梦想所需要获取支持或帮助的人创造了一个双赢的局面。另外一种获取理想效果的方式是专注于你在和他人说话时以及和自己说话时的语言，这将在下一章谈到。

[第9章]
CHAPTER 9

如何专注于语言以取得非同寻常的效果

上一章我们谈到了很多让他人配合你，以助你实现目标的方式。一个关键的技巧是说服力，而最强有力的工具就是你所说的话。这是另一种你已经拥有的技巧，只是你可能并不十分了解要怎样持续地利用它。通过阅读本章，你将明白如何在需要的时候使用这种技巧。

你已经是一名有说服力的沟通大师

如果你对自己已经拥有使用目标明确的语言的能力仍持有怀疑，考虑以下内容：

- 你是否曾经让父母相信你只是在朋友家学习，而实际上你却_____?

- 你是否曾经成功说服某人和你约会或和你结婚?
- 你是否曾经成功阻止过某个孩子,让他不再做危险的事?
- 你是否成功通过工作面试?

在上面那些情况下,我们都会变得很有说服力,因为我们非常清楚自己想要怎样的结果,并专注于这一结果。我们会本能地和对方建立融洽的关系,并且会运用一切我们觉得最有可能成功的方法。通过学习如何像这样更加专注于你的沟通方式,你会获得一个有力的成功工具。

多数交谈存在的问题

我们喜欢把交谈看作一种交换的过程,在这一过程中,我们听取他人的谈话,和他人分享我们的想法和感受。这应该是件很简单的事,但通常在谈话或商业会谈结束后,我们会觉得自己的想法并未被对方理解,我们常常会感到失望和挫败。而对方也常常会有相同的感受。为什么交谈会这么困难?

一个问题是我们总是忽视人类沟通的现实。举个例子:乔治和比尔是同事。星期一早上他们在公司的茶水间相遇,乔治发现比尔晒得有点黑。

乔治:嘿,比尔,有点晒黑了嘛?

比尔:是啊,我和简带儿子们去湖边玩了。这是我们全家第一次外出露营……

这时候，乔治听到了触发词"露营"，于是开始构思自己对于这一主题想要说的话。正好比尔还继续说着话，这让乔治有时间思考。

比尔：……而不是外面的厕所，哈哈，但是……

乔治准备好了，于是他打断比尔。

乔治：我小时候经常出去露营。我爸爸以前是童子军教
　　　练，所以我们能……

乔治的插话让比尔有些不高兴，毕竟他还没告诉乔治自己抓到的那条鱼。哦，好吧，乔治总会要换口气的……

乔治：所有那些徽章，我还都收藏着呢，只是不太记得
　　　放在哪儿了。（他换了一口气）

比尔比乔治要老练些，因此他决定把乔治刚刚说的话和自己即将说的话通过某种方式联结起来。

比尔：你在童子军训练营里一定抓过鱼吧？这周末，我
　　　抓到……

谈话会这样继续下去。大多数交谈实际上并不是对话，而是交叉进行的独白而已。你是自己生活中的主角，其他人只不过是配角而已。当然在别人的生活里，他们也是自己的主角，你也只不过是帮衬的配角。我们都在不同的剧本中表

演，难怪交谈会困难！

"我们都在不同的剧本中表演，难怪交谈会困难！"

让我们来看一些能让你更有效沟通的语言使用和相关行为方式。对于每种情况，我会列举些具体的例子，因为"沟通"是一个抽象词汇，只有在你明白自己想要说些什么以及对谁说的情况下才有意义。一旦你清楚这一点，你便能决定哪种方式最有效。这些技巧对家庭生活、朋友交往、咨询建议和商业往来都有效。继续看下去，可能你想要考虑使用它们对自己生活中的哪些方面的帮助会最大。

火星和金星的神话

最近几年，人们普遍认为和男人相比，女人说得更多，而男人更喜欢打断对方的谈话；女人会更多地谈到感受和关系，而男人对事实说得更多；女人的对话更加具有合作性，而男人的对话更具竞争性。然而，美国麦迪逊市威斯康星大学心理学家珍妮特·海德博士（Dr. Janet Hyde）针对男性 – 女性交流进行了一项元认知分析研究，她发现不同性别人群在交谈的数量和质量方面并无明显不同。

"性别相似性假说"（The Gender Similarities Hypothesis），《美国心理学家》（*American Psychologist*），2005 年 9 月

利用融洽关系建立联系

人们常用来暗示自己与他人之间拥有良好关系的一句话是，"我们志同道合"。如果你和别人之间有这样的关系，那很可能这人会做你想要他做的事情。虽然这种关系的建立常常是自发的，但技巧还是能帮助更好地建立这种关系。

研究表明，融洽的关系主要基于相似性或者对于彼此间相似性的感知。这种相似性可能只适用于某一方面。举个例子，你喜欢一起去看球的人肯定和你一样是运动迷，但同一个人，可能不会和你一样对老电影也情有独钟；但当你们一起看球或者谈论足球时，你们就会非常默契和融洽。

也就是说，你可以通过寻找自己和他人之间的共同兴趣，从而在你们之间建立密切的关系。那么大多数时候，人们最感兴趣的究竟是什么呢？没错，是他们自己。所以只要你对他们真正感兴趣，你可以和任何人建立这种良好的关系。我想要强调一下"真正"。真实的兴趣比假装出来的兴趣对双方更有益。以我的经验，只有心理病态者和演员才能假装得很好。

你可能会在哪些时候想要建立这种和他人的融洽关系呢？一般来说，在和陌生人会面时以及你想要别人接受你的信息时，你会想要和对方建立这种关系。你的信息可能是你觉得对方很有魅力，想要和对方约会，或者你有很棒的产品，你觉得对方应该购买。

> **学会倾听**
>
> 如果你觉得认真倾听是件困难的事情，试试以下做法：
>
> - 在你的头脑中，重述他人所说的话。
> - 试着评估别人对其所说的话作何感受，而不是自己想一个答案。
> - 给自己规定在一定时间内注意倾听，开始可以是五分钟。逐渐延长这个时间段，直到倾听成为很自然的事。

所有情形之下，人际关系的相处都会有一个"破冰"期，在这期间建立融洽的关系至关重要。首先，实实在在地用心倾听，打破前面例子里比尔和乔治之间的那种模式。让谈话继续，而不是让触发词把你送进你自己的世界里（这时候，你只是用了一半的心思在听）。听人们所说的话，与此同时，观察他们说话时的那些非语言线索，以了解他们对于所形容的事物有怎样的感受。给出语言和非语言（点头、微笑等）形式的反馈，以表明你理解且和对方的思维同步。

一旦你开始真正倾听，你会发现对别人真正产生兴趣并不像过去那么困难。让我们来看看约见潜在客户的例子。把专注的焦点从自己的销售兴趣转移到了解你的生意伙伴上。问些问题，并仔细倾听他们的回答。如果他们的需求和你所提供的物品间有很好的联系，那么你们的对话将自然进展到介绍你的产品和服务。

通过语言匹配建立更好的关系

倾听还将给你带来源自神经语言程序学领域关于融洽关系策略的有用信息。这技巧就是和你所交往的人进行匹配。你可以进行匹配的其中一项就是他们用来代表自我世界的语言。

主要代表类别是视觉（图像）、听觉（声音）和动觉（感受）。在倾听他人说话时，相较而言，你会发现对方更倾向于使用以下分类中的某一类。

- 视觉型人群会说这样的话——"清楚了"，"我'看到'你的观点了"或者"给我点时间再看看"。
- 听觉型人群会说这样的话——"我听到你所说的话了"，"这听起来很耳熟"或者"我喜欢那声音"。
- 动觉型人群会说这样的话——"我有个大概的想法"，"那些数据很有力"或者"我的直觉告诉我，你是对的"。

大多数人会使用一种组合，有的人还会使用一些涉及味觉的句子——和味道相关，或者嗅觉——和气味相关，但基本还是以上面所列举的三种为主。你可以在看电视采访时注意这方面的信息，把这当作一种练习。

如果你在语言方面和对方保持这种一致性，你们的步调将会更加一致。如果是对大众，那么在谈话时，你需要使用所有种类的语言；如果你只使用自己最喜欢的一种语言方式，你的某些听众就不会和你产生共鸣。

练习使用表象系统

观察、协调或体会，花点时间考虑自己的喜好。如果你无法对此进行确定，默默在内心对你所做的事进行描述或者解释。你很快会注意到自己使用的语言会泄露你所热衷的类别。写下你更喜欢的表象系统（视觉、听觉或动觉）：

_____

现在，在你的脑子里重复这段描述，但这一次使用其他两个主要系统的一些措辞。比如，假设你主要是视觉型的人，你所描述的第一句话是，"当和新客户合作时，我试着从这个过程中看出他们真正需要的东西"。假设你之后转换到使用听觉型措辞，你可能会说，"当和新客户合作时，我会从过程中听取他们真正需要的东西"。如果你转变到动觉模式，这可能会是，"我试着感受他们真正想要的东西"。写下你的选择：

选择 1：_____

选择 2：_____

乔治以听觉为重

用先跟后带的方式引导对话

还有另一种神经语言程序学概念，即先跟后带，这非常有利于建立良好的关系，并且有助于将消极的谈话转变为积极的谈话。让我们举个例子：一个朋友打电话给你，你们的交谈如下：

对方：我心情糟透了！

你：开心点！阳光这么明媚，鸟儿都在歌唱，你应该为活着而高兴！

这种谈话不会有效果，对吗？当一个极端的人遇到另一个极端的人，什么都不会改变。如果有的话，那一定是使另外那个极端的人情况变得更糟。在我们的例子里，另一方现在多了一个让他心情不好的理由：你丝毫体会不了他的感受。让我们再试一次。

> 对方：我心情糟透了！
>
> 你：（充满同情的声音语调）发生什么事了？
>
> 对方：我这个星期又胖了两公斤。我真是一点意志力也没有！
>
> 你：控制饮食太难了。
>
> 对方：上个礼拜我生意上有三个饭局，我吃得太多了。
>
> 你：嗯，是啊，在同一个饭桌上吃饭，你很难不和别人吃一样的东西。那你下个礼拜还有饭局吗？
>
> 对方：只有一个。我要请一个潜在客户吃饭。
>
> 你：日本菜很健康而且热量也不高，他们会不会同意去日本餐厅用餐？
>
> 对方：这主意不错，我可以问问看。

这段对话很简短，不过你还是能看出这段对话所用的模式。首先你通过自己的声音和措词来表达同情。然后你找到一个真实而积极的方面，并将精力集中在这方面（在这个例子中，就是下周只有一个饭局；在现实生活中，发现积极方面的时间可能会比这更长）。然后你接着看看一些有用的可选方案。有时候，这最后一步可能不是那么必要；对方可能已经有其他可供选择的做法，他们需要的只不过是一点同情。

完善你的跟进方式

　　假如你无法捉摸他人的心境，试着在姿态方面和对方保持一致（当然，要通过一种不明显的方式），然后逐渐调整你的姿态，使之转向对应着你想要对方进入的心境。如果你做得好，对方也会开始改变他们的姿态。

　　让我们来看看另外一个简短的案例，这是个销售场景。

　　客　户：这些车都太贵了。

　　销售人员：不见得。这些车都物有所值，一分钱一分货嘛!

　　和前面的例子一样，这种做法不太可能会成功。换一种说法看看。

　　客　户：这些车都太贵了。

　　销售人员：现在物价飞涨，什么都比以前要贵，不是吗?

　　客　户：我想买辆价格便宜点的车。

　　销售人员：说实话，短期来看，这主意好像不错。但长期来看，还是买贵点的车更省钱。

　　客　户：这话怎么说?

　　然后销售人员可能会谈到车辆折旧、油耗、融资计划或者其他一些会让这辆车看起来物有所值的内容。

你需要建立起你是他们同盟军的地位，表明你能理解他们的情况。然后再逐渐地重新专注于谈话的内容。要注意自己的行为方式不要超出对方可接受的范围。一旦发现对方发出抵触信号，后退一步，和对方保持步调一致，然后再小心地慢慢向前，最终把双方的谈话引导到有利于自己目标的方向上。

用重新架构的力量说服他人

重新架构意味着用不同的方式看待事物。这和打比方、讲故事有些类似，通过这种方式，同一件事经过重新架构就像一个新的故事。比如，如果玻璃杯有一半是空的，那么另一半一定是满的。下面是谈话中重新架构的一个例子。

> 玛丽亚：我妹妹一直对一个有关个人发展的讲座赞不绝口，这个周末又有这个讲座。你想不想参加？
>
> 特德：我不知道。在什么地方？什么时候？
>
> 玛丽亚：这个周末。在伯明翰。我们必须早上 6 点从伦敦出发。
>
> 特德：星期六早上 6 点起床？算了吧！
>
> 玛丽亚：是啊，确实有点早。当然这只是一个早上而已，但这个周末会改变你的整个人生。
>
> 特德：改变我的人生？怎么改变？

这里的导火索是早上 6 点。可能特德当时立刻在心里勾勒出了一幅要在早上 6 点起床的画面,他一点也不喜欢这个感觉。然后玛丽亚对这个话题通过另一种方式进行了重新架构,把整个事件放在更大的概念下来谈:通过一天的早起改变一个人的人生。这足以让特德对此重新萌发出兴趣并且想要了解更多的信息。

举个父母都很熟悉的孩子不想上学的例子。你可以换个说法来对这个概念进行重新架构:"我敢说其他孩子一定觉得今天的美术课特别有趣,用手指画画。我猜你最好的朋友苏茜肯定会自己吃饭,可能她会找其他人一起玩。"突然之间,起床的需要变得很迫切,也更具吸引力。

用数量进行重新架构

广告人用于重新架构的典型方式之一就是对大的事物进行分解描述("每天的花费不过一杯咖啡而已"),或者用积少成多的方式描述小事物("到年底,你的积蓄将能让你为全家购买圣诞礼物")。如果你试着要在时间或金钱数量方面说服别人,考虑一下通过哪种重新架构方式将会更有效。

重新架构练习

想出你希望说服别人的一件事。这可以是私人的,也可以是生意上的事。在下面写出来：

现在想出一种你可以对这件事进行重新架构的方式，这种方式能让这件事在你所希望说服的人面前更具吸引力。

用比喻和故事来专注于你的交谈

所有伟大的宗教作品，像《圣经》，都会运用比喻和寓言来支持其观点。讲故事可以非常有用。让我来给你举个例子，这是我最喜欢的禅宗故事。

> 一个老和尚和一名小学徒经过一个村庄。他们来到一条汹涌的河边，发现有个年轻的女人站在河边不敢过河。老和尚背起女人，带她过了河。女人对他千恩万谢，之后他们各自上路。接下来的三天，小学徒坐立不安，并且越来越焦躁。最后老和尚问他为什么如此不安。"师傅，"小学徒说，"你知道我们是不能和女人有身体接触的！""噢，"老和尚说，"那个河边的女人。我三天前就已经把她放下了……你还背着她么？"

我敢说没人能有更优雅更有力的方法来说明这一点！

比喻的妙处在于听者不得不弄清楚它的含义，把它和自己的生活或者所讨论的话题进行联系。这通常都发生在潜意识中，因此会给人们留下比较深刻的印象。

长期以来，演讲者都在使用比喻和寓言故事，比如美国前总统亚伯拉罕·林肯（Abraham Lincoln）、英国政治家及作家温斯顿·丘吉尔（Winston Churchill）或者其他一些雄辩家。除此之外，比喻很有效，也是因为它们不仅寓意深远，而且极具娱乐效应。

比喻不一定是完整的故事，它可以是一个短语或者一句话。比如一个同事觉得谈判进入了僵持阶段，没有再进行下去的必要。你可以这样说："是的，这感觉就像撞上了一堵墙。我很好奇下面是不是有什么地道能穿过去。"这样简单的一句话，可能就会让同事不再坚持之前的策略，转而考虑其他方法。

下一次当你需要表明立场，但又担心直接说出来可能会遭遇抵触时，可以用比喻的方法来带出这个话题。避免想要解释比喻所表达含义的意愿，否则这种方法的价值将不复存在。

练习运用比喻

想出一个你希望传达出的信息内容（这可以是你在练习表象系统时曾经用到的，也可以是新的）。在下面把这个信息写出来：

现在想出一个可以让别人更易理解或关联该种情形的比喻、故事或者短语。如果你实在想不出,想想是不是可以从著名的民间传说或者童话故事中提取素材。比如《三只小猪》的故事讲述的就是准备工作,《金发姑娘和三只熊》的故事讲述的是正确的方法。在这里写出来:

用"三问"技巧消除对立

有的时候,你所提出的观点会遭到反对,这是再平常不过的事情。"三问"技巧的目的就是阻止对立的过快恶化,并给你提供可以用来改变自我定位基础或者改变他人观点的信息。

这个技巧很简单:在反对他人观点之前,至少提出三个问题。

让我们来看一个编剧和制片人之间的例子。

制片人:我不喜欢你这个剧本的结局。

编剧:随着剧情的发展,产生这样的结局根本就是必然!

制片人:是的,但我就是觉得不好。

编剧:你是第一个说这话的人!所有人都喜欢这个结局。

　　我可能创造了一个比制片人通常所遇到的编剧都要蛮横得多的人，但你仍能看出这是一个很常见的模式，这种谈话毫无结果。让我们来看看如果问三个问题，这会起到怎样的作用。

　　制片人：我不喜欢你这个剧本的结局。

　　编剧：我知道了。那具体是哪些内容，你觉得不太好呢？

　　制片人：我就是觉得那个女人不应该那么演。

　　编剧：嗯，那挺有意思。她所做的什么事让你觉得不太对劲？

　　制片人：她拿起了一把枪，然后走到街上。我的意思是，她怎么就突然知道使用枪了？

　　编剧：我明白了，也就是说你觉得我们在之前的剧情中没有对这一细节交代清楚？

　　制片人：对！

　　编剧：那么，我们可以对前面的剧情进行些修改，表明她能够使用枪。可能她父亲以前一直带她去打猎，或者她参加了自我保护课程类似的一些内容。

　　你可能会讶异于很多时候人们最开始所说的一些话并不是他们真正想表达的内容。问至少三个问题，这将帮助你了解他们的真实意图，然后你便可以对此进行回应。多问三个问题，这可以不让谈话立刻转变为一场战斗。你可以给人留下非常通情达理的印象，这对于之后的讨论将会非常有帮助。

如何打破僵局

有时候，无论态度多友好，你都会发现自己和谈话的另一方就是无法在某些方面达成一致。这种情况下应该怎么做呢？将观点在此基础上进行一级或者多级倒推，直到来到自己和对方观点一致的地方，然后再得出其他可选的做法。换句话说，就是把焦点从意见不统一转移到统一上，然后在此基础上再寻求新的一致。

举个商业案例：你公司的公关代理在一次活动中表现得非常差，你想要立即解除和该代理的合约并将公关职能移回公司内部，而你的同事希望对他们进行严肃的谴责，但还是会给他们一次机会。

后退一步，你和同事就此事所能达成一致的事是什么？大概只能是公关代理做得很差，他们没有在信息发布之前和你的公司保持足够密切的联络。

现在开始想出需要处理问题的可选方案：也许你可以建立一个正式的信息交流系统；也许你可以要求公关公司的一名雇员在你的公司办公；也许你可以指定一名员工每天与公关公司进行联络，或者去公关公司工作。对这一问题，拟出不同的答案，直到找出你们双方都认可的方式。

这一技巧的另一个好处在于退回到双方意见一致的水平，你们可以消除彼此间因意见不同而各自为政所产生的敌意。

因为你同意，所以他们提出反对（如何应对极性反应）

和四岁小孩打过交道的人想必已经明白极性反应的概念。这意味着无论你说什么，对方总会自动说出相反的话，这是叛逆和试探极限的一种策略。大多数人在三四岁的时候都会经历这一过程，然后在青少年时期再次经历，但对于有的人，这种行为却会纵贯其一生。

我曾经和一个我所见过极性反应（结合了一般消极主义）最极端的女士一起共事。无论别人提出怎样的建议，她都会提出反对意见，并且能够立即举出 22 个理由说明这个方案不可行。我最终还是找到了一个建设性的办法来解决她的问题！我们意识到她其实是一个能够给我们提供计划在哪些方面可能出错的很好的信息源。在那 22 个理由里，有些并不仅仅是偏执的看法，而是真实存在的问题，如果解决掉这些问题，我们的计划就能更加强大。

注意一下发生了什么：我们重新架构了对她的看法，从以前那个消极的末日预言家转变为能够给我们提供一些有价值信息的人士。这种做法使我们和她之间的关系（这并不等于她不再惹人烦……）得到了改善，从而让我们的工作更加容易开展。这是个很好的例子，说明重新架构不仅有关形象或者感受，还能产生看得见摸得着的效果。

有时候，你需要和有习惯性极性反应的人就一件事达成一致。你需要怎么做呢？这里有两种策略：

- 给他们一些选择，这些选择对你来说都是可以接受的，然后要求他们选择其中之一。这些选择他们可能一个都不喜欢，但你还是能让他们选择一个最不那么讨厌的。

- 选择一个和你的真正立场相反或者最起码不一样的立场。对方会提出反对意见，然后你可以让他们来说服你。但不要轻易退让。有个朋友在看望住院的亲戚时用过这种方法，他的这个亲戚对任何积极的话都会做出消极反应。（例如，对"你今天看起来好多了"这样一句话，她会回复说："哦，但是我感觉还不如以前。"）最后我的朋友开始用比这个病人更消极的口气说话。（"你今天看起来简直就好像站在鬼门关似的！"）这样的话让这个病人无比震惊，以至于她开始反对说自己感觉没那么糟。

专注于你的自言自语

你的自言自语和你对别人所说的话同样很重要。我们大多数人内心深处都在不停地对外界事物进行评价。通常情况下，这些评价都非常苛刻而严厉。我们对自己所说的一些话是我们永远也不可能对朋友或者同事所说的。就像你现在能更用心地倾听别人所说的话，你也可以开始更关注于你对自己所说的话，并且开始在这些话变得难听时或者不那么具有建设性时改变它。你可以使用本章里提到的很多同样的技巧。例如，当你犯错时，对其进行重新架构而不是对自己失去信心。用这一视角来看待你做的所有其他事情。犯错并不意味着你很傻或者很失败，我们是人类，所以我们会犯错。我们所有人都会犯错，当我们意识到自己犯了错，我们可以选择惩罚自己或者从中学到新的东西。

回想最近你曾经犯错的时候，你都对自己说了什么？如果你忘了曾经说过的话，那不妨据理推测一番。

___

当时你是否能说些更具建设性的话？如果是，在这里写出来：

___

要想让这种变化一直延续下去，需要一些练习。每天对自己自言自语的话进行几次检查，如果有过于严责的言论，立即进行纠正。这样过段时间，你将养成听从建设性内心引导的新习惯，而不是严格的自我批判。

下一步是什么

本章的所有技巧在你明白自己想要说些什么以及你确实尊重他人的现实下效果最明显。现在一切就绪，你可以用那种能够帮助你达成目标的方式来专注于沟通了。影响专注的众多因素之一是过量的信息。在下一章，你将了解攻克这一难题的技巧。

第10章

如何建立信息专注

困扰那些天生好奇的、乐于寻求并接纳新观点的创造性思维人士的严重问题之一，是信息过量。我们很容易淹没在来自电视、收音机、杂志、报纸特别是网络灌输的信息中。如果你想要把精力集中在最有价值的事情上，学会处理不断增多的信息这一点至关重要。通过阅读本章，你将找到能够帮助你专注于你所需要的信息并忽略剩余信息的工具。

"专注于你所需要的信息并忽略剩余信息。"

你正接受越来越多的信息

1990年，信息架构大师理查德·索尔·沃尔曼（Richard

Saul Wurman)撰写了一本名为《信息焦虑》(*Information Anxiety*)的书。该书的中心思想是我们被淹没在信息的海洋中。他列举的突出例子是《纽约时报》(*New York Times*)每周特辑所涵盖的内容比 17 世纪英国一个普通人一生所能接触的信息总量都要多。沃尔曼撰写这本书的时候,互联网尚未得到发展,知识大爆炸时代尚未到来。

当然,能够轻而易举地获取大量信息是再好不过的事。问题是当信息排山倒海地向我们涌来时,我们不得不对信息的真伪进行分辨——什么信息是真实可信的、什么是宣传或者错误信息、什么消息是即时的、什么消息是过时的,以及什么消息在某一时刻和我们将面临的挑战有关。

"人们一天中所获得的来自外界如此多的信息,使他们逐渐失去自己的理智。"

美国作家,格特鲁德·斯泰因
(Gertrude Stein,1874—1946)

2003 年《人格与社会心理学》(*the Journal of Personality and Social Psychology*)杂志报道的一项研究表明,创造性的人不善于阻断无关信息。极端的解释是把这一行为和精神疾病相关联,而温和一点的解释是此类人之所以具有创造性,正是因为他们能够将看起来似乎不相关的信息进行联系,从而解决实际问题。不过,这种趋势会使人很难集中注意力,并降低工作效率。

噪声=冗余信息

隔间文化的出现增加了工作环境的噪声水平。现在的公共场所中，你很难找到不播放音乐、没有闪烁的大屏幕以及其他吸引你注意力的地方。有的公共汽车站台和广告牌是声控的，一旦有人从旁边走过，就会自动播放促销信息。甚至伦敦的很多出租车都安装了播放广告的电视屏幕，在你想要放松心情，抬眼往街外投去随意一瞥的短短几分钟内，它们都想要引起你的注意。所有这些都是信息，即使这并不是你想要得到的信息。

研究表明，居住在机场或者闹市街区的孩子们的阅读分数普遍较低。美国国家职业安全卫生研究所（US National Institute for Occupational Safety and Health）听力学家艾丽斯·H. 苏特博士（Dr Alice H. Suter）指出："噪声所引起的疾病包括高血压、消化性溃疡、心血管疾病引起的死亡、中风、自杀、免疫系统退化以及学习障碍。噪声还与侵犯的增加以及合作减少有关。"

如果你发现自己有时需要在公共场所工作，比如在火车站等车时或者在咖啡店两次会面的间歇，你可以随身携带一种很棒的工具——降噪耳机。我最初买这些耳机是为了在飞机上戴，用来减少引擎的轰鸣声以及其他一些噪声。你可以把它们插入飞机娱乐系统，这比飞机上那些廉价的耳机声音效果好多了。你还可以在想要降低噪声时随时随地戴着（不接通播放器）它们。如果你觉得不好意思，就把插头放到口袋里，这样人们就会以为你在听 MP3 播放器。另外，你也可以选择科技含量低一些的产品：耳塞。

你还可以找一些咖啡馆、图书馆或其他一些不放音乐、能提供安静氛围的地方。如果你习惯在安静的地方工作，你可能会惊讶于自己的冷静和高效。

改变环境以达到专注

你能做些什么来让你的工作环境更易于专注？

如果你的工作压力过大，你能在哪两三个地方找到庇

护所？

***

如何带有目的地消费信息

当你对于信息的使用缺乏目的性时，信息便变得有压倒性了。如果一开始便带有目的性，你会自动对信息进行筛选过滤，这能帮助你分辨有关及无关的信息。多数人接收到的大量邮件就是个很好的例子。有些是需要你关注的私人邮件，有些是能立即删除的垃圾邮件，问题是剩下的那些邮件。80/20 法则再次适用：这些信息中可能只有 20% 适用于你最重要的目标。剩余的 80% 可能只是在一般意义上比较有趣，与目标并没有直接的关系。我们将在第 12 章具体讨论如何处理邮件，目前还是来看看你所能够运用的四条策略，这些策略同样也可以运用于处理其他来源的信息。

- 在接触新信息之前，先快速提醒自己此时最具好处的话题，那些和你最重要的目标相关的话题。

- 如果你知道这条信息并不相关，看都不要去看它一眼，直接丢弃这条信息或者先将这条信息搁置在一边，直到它所含的信息可能更加相关时再去看。

- 在可能的时候，分配其他人进行这份材料的查阅工作，告诉他们你正在寻找什么信息。他们可以加亮、复印或者扫描相关内容以供你查看。

- 对于你所面对的信息，扫视最重要的信息点而不是全部通读。利用章节名称、标题以及副标题、主题句子、标注下划线或者粗体的文字，以及章节结尾关键点来引导你找到最相关的内容。

太多杂志？

如果你有很多积压的杂志没看过，浏览杂志的目录就可以直接找到相关的文章阅读。如果没有任何相关的内容，那就扔掉这些杂志。

如果你和我一样非常喜欢在网络上浏览有趣的信息，这种建议也许听起来很严格，但它只适用于你的工作时间内。如果你并没有什么特别的目的，只是想在业余时间看看杂志或者浏览网页，这也未尝不可。

从可靠渠道获取信息

这个时代里，任何人都能在很短的时间内创建一个网站、博客或者播客（通过互联网传输的音频或视频），把一些不实的信息当作事实发布出来，或者把自己伪装成权威，实际上他们并没有受过任何相关的教育或者拥有任何相关经验。也可能这些人确实具备某些资质，但他们发布信息的隐藏目的是要向你兜售商品或者改变你对于某件事情的看法。当你准备采用某条信息时，对信息背景和可靠性进行调查是很有必要的。搜索引擎的好处之一就是相对于仅依赖于一条信息来源，它们的出现使得不同来源信息间的横向对比变得非常容易。如果信息很重要，在基于信息采取任何行动前，需要反复对信息的真实性进行调查。

认识并运用你的学习方式

人们通过不同的方式学习。有的喜欢阅读，有的喜欢听讲座，有的需要在自己能够掌握前先经历一些事。现今，几乎所有类型的信息都能以任何形式获取。比如，假设你想要学习使用一种软件，你可以阅读相关手册、收听和观看视频课程，或者参加可以亲手实践的学习班。如果你最近还不曾了解都有哪些可选项，你可能会惊讶地发现有很多信息现在可以通过音频书籍和播客、视频播客以及教学DVD获取。

如果你没有使用对你来说最好的形式，应对教学信息就会变得繁琐不堪，并且会花费很多时间。

如果你有需要通过学习从而帮助自己实现目标的事情，试一下所有可能的方法，然后使用那些最适合你的方法。

你需要怎样的联系

关于成功商人的一个很老套的看法是，这类人每天 24 小时、每周 7 天无时无刻不通过电话和外界保持联系。但现实真的如此吗？《财富》（*Fortune*）杂志就成功秘诀的问题采访了一些拥有突出成绩的人。以下发言引自固定收益投资者太平洋投资管理公司（Pacific Investment Management Company，PIMCO）首席投资官比尔·格罗斯（Bill Gross）："我没有手机，我没有黑莓。我的格言是，我不想被联系，我希望与世隔绝。"他补充说，他每天中最重要的部分是一个半小时的瑜伽和每天早上的锻炼。

如果一天中你没有与外界隔离或者锻炼的任何时间，那么从现在开始这么做，这会是个不错的主意。如果这个方法对直接掌管投资领域 2000 亿美元的人有用，那它一定也对你有效。

"生活就是你在忙于制定其他计划时发生在你身上的事情。"

约翰·列侬（John Lennon，1940—1980），
英国摇滚音乐家

以下简短地列举了其他一些你可以用来将自己与外界隔离，从而让自己有时间思考的方式：

- 使用答录机。你可以表明自己将会再次接听电话以及回复电话的时间。

- 一天仅翻看手机短信两三次。

- 一次打完所有需要拨打的电话。

- 保留通话记录，这样你可以容易地找出之前曾经拨打过的电话号码。

- 避免呼叫等待（这只会让你一次惹恼两个人）。

- 决定哪些信息可以通过简短的邮件方式进行快速便捷的答复。

- 告诉谈话冗长的来电者，五分钟之后你将参加会议。

- 午休时离开办公室并且关闭手机。

- 在家中用餐时关闭手机（如果可能的话，其他时间也一样）。

什么时候与外界隔离

列举你在工作时将自己与外界隔离的时间，即便只有几分钟。

_____

你可能与外界隔离从而能放松地想问题的时间是什么时候？

_____

上面提到的策略中，你会将哪些立即运用到自己的工作中？

_____

下一步是什么

通过运用本章提到的方法，你将能摒弃对你毫无价值的那 80% 的信息，并获取足够多的安静时间，以供你专注于并吸收对你有用的那 20% 的信息。在下一章，你将发现应对大多数人所遇到的无穷无尽文案工作的策略。

第 11 章

如何战胜堆积如山的文案工作

通过前一章的阅读，你学会了处理过量信息的方法。通过专注于你真正想要实现的事情，你现在拥有对每天涌到面前的大量信息进行过滤的工具，以及确保那 80% 不相关的信息不会让你手足无措的方法。在工作和生活中，几乎每个人都会有大量的文案工作需要处理，如何高效地完成这项繁琐的工作，本章将告诉你答案。

你是不是个邋遢的人：那会怎样？

你的桌子和办公室是否到处堆满材料，一派杂乱不堪的景象？如果是的话，那会不会对你的工作造成影响？嗯，套用美国电视菲尔博士（Dr Phil）的问题："那对你来说效果怎么样？"如果你能在需要的时候找到需要的东西，那么你的办公室乱不乱就不是什么问题。不过，很多邋遢的人（包括我自己）发现创造性混乱会出现失控的情况，当这种情形出现时，想要随时取得所需要的东西就成问题了。2004年，一份针对三菱日电（NEC-MITSUBISHI）所做的研究表明，混乱的办公桌会使办公人员患发疾病。在研究所采访的2000 名员工中，40% 的员工表示杂乱的办公桌会让他们暴躁不堪。尽管如此，他们还是不愿意收拾桌子，35% 的员工表示他们的脖子和后背都会因为坐姿不舒服而疼痛。

"我们能够对抗地心引力，但有时候文案工作实在太多了。"

沃纳·冯·布劳恩（Wernher Von Braun，1912—1977），
德裔美国火箭物理学家

如果对你而言，办公桌的状态是个问题，那么这很可能是你处理文案工作的一个缩影，你缺乏明了的归档系统，需要更加系统的相关文案工作的处理方法。不过，如果你恰好是右脑创造型人士，你需要的是和大多数有关时间管理或者组织类书籍中所介绍的不同的文案处理解决方法。

你喜欢怎样工作

要知道你在处理文案工作和组织工作时更偏向于右脑还

是左脑，你可以看看下面两份清单，哪一种方式更接近于你想要的工作模式?

左脑型:

- 喜欢一次做一件事;
- 将文件放在档案柜并进行实时归档;
- 根据优先顺序处理待办事项;
- 利用电子记事簿对约会进行管理等;
- 能够按照进度表行事，很少迟到。

右脑型:

- 喜欢一次处理几项任务;
- 到处都是成堆的文件;
- 归档工作不及时，喜欢将文件夹放在能看到的地方;
- 利用纸条或便笺条记录约会等;
- 容易错过截止日期，经常迟到。

你在第 5 章已经知道要专注于自己的强项，如果你是右脑型的人，想要把自己变成左脑型的人是毫无益处的。无论这上面哪些内容最接近对你的描述，都会有适合你喜好的工具和方法。因为大多数书籍都不会特别提到右脑型人所喜欢的系统和策略，本章对此将会有所侧重，不过还是有些对所有人都适用的方法。

处理文案工作的新策略

"每份文件仅处理一次"。这是所有传统时间管理书籍所给出的建议。我一直都觉得这条左脑型时间管理策略不太现实。是的，这想法其实不错，立即考虑你要处理的一份文件，是需要：

- 扔掉（最好方法，如果合适的话）
- 归档
- 让其他人处理

如果需要对文件进行归档，在文件上贴一张便笺条，写出其所应归属的文档名称，那意味着你不必做两次这样的决定。

如果需要将文件分配给其他人处理，在文件上贴一张便笺条，注明为什么将该文件转给其他人。

根据我的经验，这样做之后，还会剩下很多其他文件。可能有些是在你找到其他信息前无法回复的信件，是你想要购买但还未下定决心的某个产品广告，是你想要参加的某个社会活动通知，但你还需和别人进行确认，等等。

在便笺条上写出你需要采取的行动，把它贴在这份文件上，然后把这类文件整理在一起。如果是账单或者其他可能会引起麻烦的东西，把这些材料单独放在一起，并确保这些材料能首先引起你的注意力。当你一个礼拜后再次翻阅这些文件时，你的便笺条将能快速告诉你需要做些什么。有些文件将不再有用，你可以把它们扔掉，此时你掌握了更多的信息，因此能够对某些文件进行处理，其他的还需要再放些时间。

我肯定这一系统会让很多左脑型的人很不舒服，但这种方法确实有效。

归档：你为什么可能讨厌档案柜

很多创造性的人都讨厌使用档案柜，因为他们都是视觉导向的人，他们喜欢能看到东西的这种感觉。一旦文件被放进档案柜，他们便不再能一眼看到这些文件，这会让他们觉得很不安。

你的新策略：

- 使用档案盒。你可以在盒子一侧写出文档的名称，然后把档案盒放在架子上。文件很多的时候，这是个很好的办法。
- 对于少量的文件，你可以使用带折叠封面的文件夹，在封面顶端靠近边缘的地方写下名称，让文件容易看到。

另外，档案柜和文件夹会让所有东西看起来都差不多，感觉很单调。要想能够通过视觉就将事物区分开来，我们通常会使用不同的颜色。你可以使用彩色编码的文件夹或者文件盒，比如，绿色代表财务，蓝色代表参考，红色代表邮件。

有用的归档系统

过去很长时间里，我都用带封面的文件夹对我的写作进行分类，比如"故事片""电视电影""情景喜剧""戏剧""非小说类图书"等。这样做的问题是，最后某些类别里会有很多文件夹，那么要找出某个特定的文件夹就意味着要翻阅很多文件夹。

现在我的替换做法是，用一个字母标记每个主要类别。例如，A 代表故事片，B 代表电视电影，C 代表情景喜剧，D 代表非小说类图书，依次类推（哪个字母代表哪个类别完全是随机的，如果所有字母都用上了，你可以使用些字母的组合，例如 AA、BB 等）。我所使用的例子和关于写作的项目文档有关，当然你可以调整类别使其和你的工作相关。

给每个类别中的文件夹编定一个特定号码，使分类看起来像这样：

A　故事片（类别标题）

A1《超级鲍勃》(*Superbob*)（这是适合该类别的项目标题）

A2《疯狂！》(*Mad!*)

A3《分崩离析》(*Coming Apart*)

A4《无价之狗》(*Million Dollar Dog*)

A5《转化》(*Switch*)

下一个类别，电视电影，用下一个字母：

B 电视电影

B1《我会不会骗你？》(*Would I Lie to You?*)

B2《鱼和单车的故事》(*The Fish and the Bicycle*)

B3《在海上》(*At Sea*)

下一个类别，情景喜剧，用字母 C：

C 情景喜剧

C1《热点》(*Hot Spot*)

C2《你想要什么》(*What you wish for*)

C3《奇异的人生》(*Strange Life*)

　　建立新的文件夹时，给这个新文件夹标注一个合适的字母，以及该类别下的一个数字。整理出一份总清单放在手边，这样你就不需要在找文件夹的时候每次都重新查看一遍所有文件夹。假设我正查找有关情景喜剧的手稿，我的清单显示它的位置是 C3，我就能轻而易举地在架子上找到它。我把这份总清单在抽屉和电脑里各放了一份，我的助理也有一份。我们随时会对这份清单上的内容进行更新，先是手写更新，然后大概一个月左右会打印出一份更新后的文件。

这个系统的唯一缺点在于，当分类里的内容太多时，必须挪出一些架子上的东西。

归档操作手册

你是否曾经有过这样的经历？你买了些高科技产品，如打印机、数码相机或者 MP3 播放器，结果没几个月这东西就坏了，你需要找到相关产品的操作手册。问题是你不知道操作手册在哪儿，然后你花了很多时间找这个手册，找了很久却一无所获，你因此感觉无比沮丧，或者你想在网上进行搜索，想在厂家的网站上找到手册的相关内容。

Verco 公司那些制造办公椅的聪明家伙想出了一个很棒的主意：他们在玛雅系列办公椅的坐垫下方设计了一个口袋，以供客户放置操作手册。你可以灵活运用这一方法，比如在设备或最常用的东西（扫描仪、打印机、复印机等）下面或者附近贴上一个塑料信封，把操作手册放在里面，这样它们就不会遗失了。

利用清单的专注力

有一种文件你可能使用得还不够多，那就是清单。对于所有需要做的要动些脑子的事情，你应该有一份能够帮助自己更快完成这件事情的清单。出差前的行李打包就是一个例子。很可能你每次都需要准备相同的东西，那为什么不做一份清单，让这个过程更快些呢？你甚至可以分配别人来做这个打包的工作。这里是我主清单的一部分：

袜子	积分卡
T恤衫	地铁卡
内衣	驾驶执照
手帕	通讯录
裤子	日记本
鞋	办公装备
衬衫	荧光笔
运动夹克	折叠文件
外套	名片
套头外衣	手机
游泳裤	手机充电器
手表	笔记本电脑
行程表	磁盘驱动器
票	笔记本电脑适配器
护照	磁盘（包括需要进行的项目）

在打包之前，我要决定自己将会需要多少衣服（3天的行程=3双袜子），划掉清单中不适用的物品（如果酒店没有游泳池，那么就不需要带泳裤）。然后按照清单中的其他内容进行收拾，这样收拾李整个过程只需要几分钟。

对于工作上会反复做的事情，清单的作用也非常大。比

如，你可以准备一份清单，把每次写新闻稿需要涵盖的内容
都列在上面。

商务清单

由吉恩·马克斯（Gene Marks）编辑、亚当斯媒体
（Adams Media）公司出版的《街头小生意清单手册》（*the
Streetwise Small Business Book of Lists*）一书提供了一个
绝佳的清单来源，书中介绍了成千上万个帮你削减成本、
增加收益以及刺激盈利的清单。

其他一些需要用到清单的场合包括准备以下事项：

- 幻灯片演示
- 社交活动
- 面试
- 谈判

这种清单能够让你更容易地把自己之前一直在做的任务
分配给其他人，因为清单能够帮助确认接手工作的人不会忘
记或者忽略任何重要的步骤。同时，制作一张你委派任务的
清单，表明任务由谁负责做，什么时候做以及要取得什么结
果。你可以每天检查清单，定期和清单上的人进行核实，以
保证任务将按承诺完成。

　　　　"清单能够让你更容易地把自己之前一直在做的
任务分配给其他人。"

　　另外一份需要随身携带的清单是，当问题出现时你可能
需要的联络人电话。这可能包括电脑维修服务、软件咨询、
中介公司、送货服务、运送色剂盒以及其他办公用品的商
店，等等。事实上，最好在清单上写出至少两个联系人的电
话。众所周知，问题总是在最不合时宜的时候发生，这时你
肯定不想因为慌乱地四处寻求帮助而浪费更多时间。

什么清单会帮助你专注

　　花点时间想出三份可能对你的工作有所帮助的清单，在
这里写出它们的名称，并安排时间制作这三份清单。

_____

_____

_____

待办清单中需要做的事和不需要做的事

　　最常用的清单是每天的待办事项清单。这是一个很棒
的工具，但却常常被误用。它不应该是你在未来数天或数

礼拜中要做的所有小事的集合。一定要先做一份下周所有需要注意事项的总清单，但每日清单应该仅包括你在当天需要完成的任务。好的经验法则是一天中最多专注于 6 件事情。

如果你发现自己不得不重复地把一张清单上的任务挪到另一张清单上，这说明你对自己在可用时间内所能完成的任务并没有现实的考虑。每天都不能按时完成任务的挫败感将耗尽你的精力。一个能够解决问题的方法是将 80/20 法则运用到你的待办清单中。

首先依惯例制作你的待办事项清单。对大多数人而言，这个清单是他们应该做的、想要做的或者能够在那天做的、不是他们真的想要在那天做的所有事情的组合。

从现在开始，把那种清单作为你的清单第一稿。利用这份清单凭直觉说出所有你可能会做的事情。然后仔细检查清单，从每 10 个项目中选择两个会给你带来最大价值的项目，只选两个。

只有你能够对"价值"进行定义，因为这只对你适用。通常人们会将价值解读为能带来最多财富的东西，但如果你的办公室混乱得无法处理重要工作，那么整理办公室可能就是你所能做的最有价值的事情。

如果你一开始有 10 件或者更少的事情需要处理，那么现在你首先需要处理的就只有两件事。如果你开始时有 20 件事情需要处理，那么现在减少到 4 件，你还必须再重复这一过程：这 4 件事情中（或者 6 件，或者其他可能的数字），哪两件会给你带来最大价值？

如果可能的话，先做这两件事。这可能会需要一点意志力，因为通常最重要的任务都不是最有趣的事。把它们先放在一边，做些不那么费神的事情来暖暖身，或者根本不去做这些事，或者采用其他一些合理化的解释要容易得多。等到热身完毕，我们会突然发现还有些其他事情需要关注，我们真的必须再查看一遍邮件，然后接个电话……不知不觉中（一天结束时），你忽然意识到不得不把那些关键的事情转移到明天的待办清单上。

首先处理真正有价值的任务的意思是把这些事情做完。这会让你这天之后的时间轻松不少，你将因为这么早就完成这些事而感到压力小很多。有时我们会逃避做那些最有价值的事情，因为这些事看起来很复杂、很难完成。在这种情况下，把大任务分解成小任务，直到形成你可以在 45 分钟之内完成的任务块，然后一点点向着更大的任务进军，你很快会意识到自己有很大进步。

如果你无法首先做最重要的任务，那么至少交替做一个容易快速完成的任务以及一个有些困难但却重要的任务，这样来保持前进。不过最好还是能花一个礼拜的时间先做最重要的任务。到这星期结束时，这么做的好处将会非常明显，你会觉得更有动力，从那以后你会觉得做起来越来越顺手了。

如果你喜欢每件事情都能被看到，你也可以把每项任务写在便利贴上，贴到墙上，等这些任务完成之后，再把便利贴拿下来。把这些便利贴作为你已完成任务的工作记录保存起来。

保留那些清单！

把旧的待办事项清单放在一个文件夹或者文件盒里，至少保存一年时间。如果你需要记起开始新项目或者电话会谈的时间，这些清单将会有所帮助。

总是在身边放一份待办事项清单。你可以在索引卡上手写或者打印一份迷你清单，把这份清单放在口袋或者包里。那样当你参加会议或者外出时，就不会忘记你在当天所需要完成的任务了。

最后，在清单中安排一些休息和反思的时间，哪怕一天中只有一到两次的 15 分钟也行。像对待清单中其他任务一样严肃地对待这件事，如果清单上的其他任务花费了比你想象中要长的时间，休息和反思的任务不应该成为首先被牺牲的选项。记住，当今世界要想成功，你应该更聪明地工作而不是更努力地工作。更聪明的工作是洞察力和创造性思维的产物，这需要时间和思考。

待办清单并不总是合适的

如何处理未来的任务

有些任务很重要，不过你知道自己并不需要今天就去做它。事实上，这其中的某些事，比如电话或者会议，是将来某个特定时间才需要做的。记住这些事的一个好办法就是做一个盒子，里面放上从 1 到 31 排好序的文件夹，每个文件夹代表一天，再加上 12 个带有月份名称的文件夹。如果今天是 6 月 12 号，你知道 6 月 20 号需要给潜在客户打电话，把这件事写在便条上，然后把它放进编号为 20 的文件夹。在 6 月 19 日，当你计划第二天的待办事项时，打开那份文件夹然后安排打电话的事。如果这个工作需要在 8 月份才做，就把它放进 8 月的文件夹内。在每个月开始的时候，检查月份文件夹里的内容，然后把它分配到每个月具体天的文件夹里。

接下来是什么

现在你已经知道怎样更有效地处理文件了，但还有一项毁誉参半的主题：邮件。在下一章你将了解驯服"邮件怪兽"的策略。

第 12 章

如何驯服"邮件怪兽"

你已经熟悉了如何处理过量信息和文件工作，但现在还有一个令每个人都无比烦恼的失望之源：电子邮件。一方面，它是世界各地人们即时沟通的杰出方式，它对我们的工作产生了革命性的影响。另一方面，你所收到的垃圾邮件和大量的信息，就算合法，也会让你感到非常烦恼，它能轻而易举地占用你的时间和精力，让你无法做本该做的事。不仅如此，发送电子邮件的过程也充满陷阱。在本章，你将找到使电子邮件成为正如其所设计成的最伟大工具的最好策略。

控制时间

除非你负责了，比如说，保卫自由世界的任务，你真的需要在收到每封邮件后立即阅读邮件吗？并非如此。如果真那样的话，设定每天查阅邮件的次数。你头脑中是否已经有这样一个数字？很好，把这个数字减去一半。很少有人真的需要每天查阅邮件 4 次以上，3 次或 2 次会更好。作为初学者，尝试根据下面的安排来查阅邮件：

- 早上刚坐到办公桌前
- 午餐之后
- 快下班前一小时

如果你有立即回复邮件的习惯，担心如果忽然改变做法，人们会好奇发生了什么事，那么你可以开启自动回复功能，就像你不在办公室时所可能做的那样。回复的内容可以是："为了提高我服务您的工作效率和能力，我会在上午 9 点、下午 2 点和 5 点定时查阅邮件。如果有事需要我的及时关注，请拨打 ×××（电话号码）和我取得联系。"那些确实有急事的人不会感到失望，一般来说，电话是处理特别紧急事情的更好办法。你将发现其实真正紧急的事情实在少而又少。

保持专注

如果你无法坚持设定次数，另一个方法是在不同任务的间歇查阅邮件。如果你在工作期间查阅邮件，这会使你无法集中注意力。

新的邮件计划

从现在开始写出你计划每天查阅邮件的次数，然后复印一份贴在电脑附近。

邮件选择 1：删除

处理邮件的最快方法就是删除。显然，对于垃圾邮件，这是很容易的事。如果你收到了过多的垃圾邮件，那么你需要调整或者更换你的垃圾邮件过滤器。然而，有很多邮件看起来似乎非常有趣。这会成为消磨时间的一种方式，而这些时间你本该用来做那些最有价值的 20% 的工作。如果你一直在使用这种方法，那么你需要考虑使用你在第 7 章所建立的某种"第二自我"，"匈奴王"也许是个不错的选择——果断地删除这些邮件。这里是应该删除的两大类邮件：

- 笑话、怪异的新闻、卡通片等。这些信息可能大多来自数量很少的一群人。你有一个选择：你可以快速把这些邮件转移到"休闲时光"文件夹中。你也可以给发信人回复一封邮件，写这样的内容："尽管你发给我的笑话和卡通片很有意思，但我很难处理收件箱中过量的邮件，所以请不要再给我发送这些邮件。我非常感谢你的初衷，不过我肯定你能理解我的做法。"

- 抄送给他人的邮件，通常标注为"供你参考"。如果你一直收到你并不需要的信息，这些信息对你来说和垃圾邮件一样。和之前的做法一样，你需要给那些给你发送这些邮件的人附上一条言辞委婉的信息，比如，"感谢你让我随时跟进事态的发展，但是你真的不必将这些信息抄送给我"。重要的是：如果确实有你需要被通知的情况，需要添加一个限定条件，例如，"除非项目无法按进度规定执行"，或者"除非你需要我的直接参与"。

用来删除的"第二自我"

你将运用第 7 章中创造的哪种"第二自我"来删除无关邮件？

邮件选择 2：委派

你已经删除邮件了，现在进行委派。如果一封邮件要求你采取某种行动，不要不假思索地立刻行动起来。首先想想是否利用他人的时间会更好（当然在你有这种权利的条件下）。如果是的话，把邮件转发给那个人，并附上一则附言告诉他们要求。附言的内容可以很简短，"玛丽亚，请处理这件事"，或者你可能需要提供更多细节内容，然后通知发送邮件的人，你已经把这项任务分配给玛丽亚进行处理，其他关于此事的讨论将由玛丽亚直接负责。你自己当中间人的次数越少越好。这种方法甚至可以运用到一些小事上。比如，我有时会收到我自己某个网站的信息，说某个链接出问题或者某个视频不能正常播放。我的第一反应就是亲自去那个网站查看一番，即使我并不知道如果确实出现问题该怎么处理。现在我只是把这封邮件转给我的技术人员，并让他在解决问题后通知我或者发信人问题是否出现在客户端。

"你已经删除邮件了，现在进行委派。"

如果你想要委派任务的人是你同一级别的同事，而不是下属，你得采取不同的处理方式，也就是找到发送邮件的人，使他相信玛丽亚才是处理这一工作的更好人选。你也许会想要自己处理这件事情，特别是当这件事并不会花费你很长时间，但当你这么做的时候，你也就开创了一个先例，那就是以后只要遇到类似的事，你都想亲自去做。

如果身边没有能够处理这项任务的人员，特别是如果你自己经营生意，考虑是否可以通过虚拟助手或者相关服务把它委托出去。

○ 你的委派计划

你能想到谁，你可以将至少部分邮件相关工作委派给谁？

邮件选择 3：处理邮件

对于剩下的邮件，你可以使用和前一章推荐的真实文件夹相同的虚拟文件夹系统。任何你需要当天处理的邮件都可以归入标记有当天日期的文件夹，然后你可以安排最适合自己的时间来处理这些邮件。一般来说，最好能集中处理这些任务，而不是零散地处理。如果这件工作并不紧急，你可以把它归入标有其他日期的文件夹，到时再进行处理。如果有些事情需要一个多月以后再去关注，你可以把它归入那个月份的文件夹内。

如果你正同时处理多个项目，那么你可能需要为每个项目建立单独的系统。当你为第二天的待办事项清单做计划时，你可以迅速查看那天的文件夹并相应做出安排。如果你想更直接地看见要做的事，一个替换做法就是为每个项目单独准备日程表，然后把工作记录在日程表上。

你可能已经有自己喜欢的对邮件进行分类和归档的方法，那很好！主要目的是不要让邮件累积到100封或更多，否则你每次打开收件箱都要重新查看一遍。

有几类邮件特别麻烦。

- **永无止境的信息**。有句名言曾帮助过很多人，包括马克·吐温和亚伯拉罕·林肯。那是一封长篇书信的附言，它这样写道："很抱歉我写了如此长的一封信，因为我没时间写一封短的。"你也许认识喜欢写长信的人，如果这些信能短点会更好。如果可以的话，你可以建议他们在邮件开头把邮件将要提到的内容简明扼要地提出来。如果他们习惯给你发一些包含以前邮件内容的信件，要求他们对之前的内容进行总结。如果这些没完没了的邮件是你老板写的，你可能就不得不忍耐一番了。但你可以使用浏览印刷品时使用的相同技巧：先看第一段和最后一段以及每段的第一句话。通常这样就足以让你了解邮件的主要思想。

"艺术之真谛，表达之荣耀，文字之光芒，唯简洁而已。"

美国诗人沃尔特·惠特曼

（Walt Whitman，1819—1892）

- **不应发出的邮件**。你可能发现自己会收到一些情绪化的邮件，信里的一些内容显然是头脑发热或者酒后的胡言乱语。如果你很仁慈，最好的举动就是假装你从未收到过这封邮件，或者几个小时或一天后给发信者回复邮件，表示你的收件箱中有一封他们发来的邮件，但你无法打开这封邮件。他们也许会看穿这个策略，但他们还是会永远感激你。

发送邮件时该做的以及不该做的

想知道在发送邮件时该做些什么，最简单的方法就是尽量避免别人做过的所有让你觉得厌烦或者浪费时间的事情。这里有些具体的方法让别人喜欢收到你的邮件。

- **在主题中写出信息**。如果邮件的主题是你想要对方执行当天早上讨论过的采购事宜，不要在主题中写"回复：购买新打印机"，然后在邮件正文中写更多的东西。只要在主题栏中写明"请采购我们今天上午所讨论的打印机"，邮件正文部分不需要写任何内容。这将节约时间，同时树立一个令人赞赏的简洁邮件的榜样。

- **不用电子邮件传递敏感信息**。如果你不得不告诉别人他们的工作做得不够好，甚至他们被解雇了的信息，这种内容不适合通过电子邮件来表达。去找那个人谈话或者至少打个电话。永远不要在电子邮件中传递任何小道消息或者谣言。电子邮件很容易被打印出来，也经常会被打印出来。如果你不想自己说过的话在办公室里永远流传，那就不要用电子邮件发出去。我们总能听说一些愚蠢的人因为自己在邮件中所说的话而丢掉工作或者感情的事。出于某种原因，我们认为这种事情不可能发生在自己身上，这和他们过去所认为的情况一样。

- **别用邮件承认自己的错误**。同样，这也是敏感的事情，最好能在会议上解决。电子邮件的一个缺点是它无法表达出情感上的细微不同，就算你使用笑脸或者皱眉的图标也无济于事。任何带有情感内容的信息最好能用其他方式处理。

- **在邮件开头简明扼要地概括邮件内容**。一封以"不，这不是个好主意"开头，然后继续解释为什么这不是一个好主意的邮件，如果收信人根本不了解"这"指代的是什么，这种写法就毫无意义。记住你的邮件可能会是别人 50 或 100 封邮件中的一封，所以别指望收信人记住"这"指的是什么，别让他们再重读之前发给你的原始邮件。最好你的标题就已经告诉他们这封邮件是关于"重建接待处"，更好的做法是，标题就能告诉他们，"重建接待处，我不同意"。然后，如果有必要的话，邮件的正文可以列出你不同意的三个理由。

- **别忘记附件**。我们都经历过这样的事情：我们写了一封标明带附件的邮件，但却忘记粘贴附件，于是不得不写一封致歉邮件，再发送附件。简单的解决方法：养成在写邮件之前粘贴附件的习惯。

- **尽量具体地说明你希望收信人所做的事**。如果你正发送一封要求收信人采取行动的邮件，尽量明确地说明你要求他们做的事，如果可能的话，写出截止日期。

- **如果你正处理多个项目，每个项目单独发送邮件。** 这样更有利于收件人对你的邮件进行分类，并归入适合的文件夹中。
- **像对待手写邮件一样尊重并严肃对待电子邮件。** 商务信件无须使用彩色背景、表情符号，不能有错误的语法或标点符号。你的电子邮件发送了关于你和你形象的第二信息。

底线：保持掌控

这是本章的关键内容：控制电子邮件而不是被电子邮件所控制。电子邮件的作用是服务于你，而不是让你沮丧和惹恼你。你可以选择是否查看邮件以及何时查看邮件。你可以选择是否回复以及何时回复邮件。你甚至可以就邮件内容以及发送邮件的最好方式对发信人进行教导。当你发邮件给他人时，你可以模仿这些有效行为以使你和收件人都有所收获。所有这些都将阻止电子邮件在你做最重要的事情时分散你的精力。

接下来是什么

现在你知道了如何毫无压力地处理电子邮件，下一章提供了掌握会议和建立社交网络的工具。

第 13 章

如何掌控会议和社交

除了过量信息、文案工作以及邮件，我们工作中还会遇到的两个最容易引起焦虑和挫败的主题是会议和社交。你将在本章找到处理这两者的技巧。让我们先从会议以及你必须要问的最重要问题开始。

这场会议真的必要吗

删除是处理文件和电子邮件时的一项重要技巧，它也适用于会议。一旦会议开始，就好像要很长时间才会结束。我们稍后将看到如何缩短开会时间，但最好是尽量减少会议数量。如果你是决定是否开会的人，那么考虑一下备忘录、电子邮件、电话或者简短的电话会议是否可以达到同样的效果。

你是否真的需要出席会议

如果会议由他人组织召开，考虑一下这场会议是否真的和你相关。如果不相关，不要参加。如果你需要向上级领导就此事进行解释，简明扼要地强调如果你将这段时间用来做最重要的事情，这将带来更大的价值。

如果你只需要参与会议议题中的一项，看看是否可以把这一项目提前，这样一旦事情处理完，你就可以提前离开。如果不行，而会议的时间会很久，可以让他人在你需要参与的事项即将被讨论时提前给你打电话，你再马上过去开会。

你们是否都知道会议的目的

很多会议之所以会开很长时间是因为缺乏明确的议题。会议的目的表达得非常模糊，比如"回顾马丁计划取得的进展"或者"解决上个月出现的所有问题"。这是会议漫无边际、毫无重点的症结所在，这种会议把时间都浪费在不重要的 80% 的事情上。需要事先制订一份具体的会谈议程并提前通知参会各方。如果你的会议没有议程，把这件事情汇报给你的老板；如果你就是老板，安排处理这件事。

大家是不是都准备好了

如果你希望参会人员有可供分享的具体信息，也应该为此制订会议议程或者备忘录。这样就不会有人在被要求提供事实和数据时表示惊讶了。

是否有日程和时间限制

如果暖身闲谈看起来是让大家把注意力从几分钟之前从事的事情中抽离出来的会议必需部分，那么为这个闲谈设定一个时间限定。你可以在会议室中来回走动，让每个人都有几分钟时间来谈谈他们工作得怎么样。如果有人超过了时间限制并且没有停下来的迹象，主持人必须解决这个问题。

快速会谈的诀窍

- 如果可能，让人们到你的位置上。
- 保持凉爽的室温，使参会人员保持警觉。
- 对于一对一的会谈，在散步时进行。

最好在议事日程上注明讨论每项议题的时间限制。这可以通过计时器强制执行，计时器可以在项目讨论时间即将结束时发出信号。如果有项目明显需要花费更多时间，最好为其另外安排会议时间，而不是让这个项目扰乱其他项目的进

程。当然这也意味着需要为整个会议安排一个时间期限。就像工作需要根据时间来做一样，会议也是如此。明白时间期限将会被强制执行，每个人都会集中注意力，在更短的时间里说出需要说的话。

"在午餐前一小时制订一个一小时会议计划。"

一个聪明的策略就是在午餐前一小时或者下班前一小时制订一个时间期限为一小时的会议计划。这样，每个人都会希望会议能够按计划进行。

这就是要开的会，
还是关于要开的会的会议？

会议中所做的决定是否清晰

会议过程中应该有人对所形成的决定以及哪些人同意在

将来采取何种举措进行记录。每项议程结束时，会议记录人员应用一两句话对要点进行总结。这些内容也可以写入总结性的会议纪要，并分发给参会人员以及任何需要了解这些信息的人。这会防止类似于"哦，我以为我们达成一致的情况不是这样的"等问题。

如果这是头脑风暴会议，你是否遵循了以下四条准则

如果会议初衷是产生新的想法，遵循以下四个头脑风暴法则：

- **数量第一**。头脑风暴的目的就是生成尽可能多的想法。
- **不加评论**。在想法产生时对其进行评判会中断思路，稍后会有时间进行评估。
- **把每件事都写下来**。选择性的记录本身就是一种评判。确保身边有足够大的活动挂图、纸张或白板供人们用大字写下所有内容。
- **别害怕在别人的观点之上形成自己的观点**。有时一点点改进就能够使概念更加完善。

你是否保持会议尽可能简单

如果可能的话，尽量使用活动挂图、白板和笔。不要使

用幻灯片或任何其他需要科技含量的设备。这些东西会出现故障。开会的时候，我们都曾遇到这样的事情，投影仪的灯泡突然烧坏、笔记本电脑接口不匹配或者电脑死机。这些事情不仅令人难堪，而且浪费时间。

> "当你什么都不想干的时候，开会是个好主意。"
>
> 约翰·肯尼思·加尔布雷思（John Kenneth
> Galbraith，1908—2006），加裔美籍经济学家

是否已设定基本准则

有些能使会议更富成效且更有乐趣的基本准则。前文已经提到的是对每个参会人员都已做好准备的期望。这里还有其他一些内容：

- 每个人都要准时。这个方法极端但有效：迟到者不得参加会议。下一次他们就会准时。

- 关闭手机。这个方法极端但有效：在门口没收通讯设备。你可以做个轻松的暗示"酒吧门口上缴枪支"，参会者都会明白你的意思。

- 每个人都需保持警醒。这个方法极端但有效（同时也有利于缩短开会时间）：把椅子都搬出去，这样每个人都必须站着开会。

- 气氛热烈的讨论固然很好，但也要有基本的互相尊重，表

现为不打断他人的讲话以及不主宰整个谈话。如有必要，这应由主持人强制执行。

- 冗长的会议中应安排合理的休息时间。
- 应提供健康的零食（特别是水果）和水。

你可能无法控制或影响会议中的所有因素，但改变其中哪怕很少的几个因素，都会带来很大不同。如果你无权决定会议的方式和时间，和负责此事的人进行讨论，很可能他们和你一样对冗长而缺乏重点的会议感到沮丧不已，因而非常愿意接受你的想法。

○ 你的会议决策

你能够运用或建议以上哪些策略，从而使你参加的会议产生不同？

社交天敌

一种值得单独提出的会议形式是社交。这里有个小测试。下面的话出自一位不愿透露姓名的企业家。读一读这段话，注意它给你的感觉："（社交）很有意思也很有意义……随时跟人们交谈，在商店里、沙龙、飞机上……不知道怎么开始谈话？随便说一句赞美他人的话。一个陌生人身上总有吸引人或令人羡慕的东西引起你的注意。真诚地看待这一点。"

如果你觉得"当然，那千真万确！"那么跳过本章的其余部分，因为你显然是：①美国人；②一个天生的社交达人。但如果这段话让你觉得有些不安，那就跟我来，我们将找到让你专注于自己长处的其他方法，即便社交并不是其中之一。

通常，社交活动中会有很多人一边要稳住手中的葡萄酒杯，一边互相递送着名片。到活动结束时，你的口袋或者包里满是名片，但你已丝毫不记得这些名片的主人都是谁。所有那些拿到你名片的人的感觉也是一样。常规的建议是你要表现出对他人的兴趣。这就造成了两个人都假装对对方感兴趣，私下里却一直等着要谈论他们自己以及他们所提供的东西。我的建议是：如果你对参加这种社交活动感到不自在，那就不要去参加。是的，互相联络很重要，但还有其他方法。我们稍后会讨论那些方法，但如果你已经参加了某个社交活动，有些指导性原则会使你的参与更富成效。

找到最有效的社交"第二自我"

你是否有非常乐意结识新朋友的时候？是否有一些你在展示自我时感到非常放松和自信的时候？回忆这样的时刻，或者想象那种时刻会是怎样的情景，然后为那种状态创造一个"第二自我"。当你选择参加社交活动时，进入那种状态。不必试着努力模仿那些热情四溢的、外向的、在和人握手时主动而有力的人，表现得像个理想的社交人士。你只需要寻找一种自己觉得舒服的状态就可以。

参加 20% 的最易取得成功的活动

每天都会举行很多的大会、小会、商业聚会和其他活动，对这些活动的优先顺序进行排列很重要，你只需要参加这其中可能给你带来 80% 回报的那 20% 的活动就可以。这些活动有两个共同的元素：

- 那里的大多数人和你所从事的行业不同。如果你自己就是保险代理人，那么去参加保险代理的聚会有什么意义？当然，谈谈老本行、抱怨某种类型的客户或者最新的政府规定可能会很有趣，但这并不能给你带来更多的生意。参加一些能找到可能需要你所销售险种的客户活动会更有前景。

- 除了社交，还有其他活动。这可以是颁奖典礼、庆功会或者慈善活动。这能给你提供一些除自己以外的谈资。如果人们对你所从事的工作感兴趣，你可以简单地介绍一下，如果他们听完仍然感兴趣，他们可能会向你索要名片。没有人会觉得尴尬或者感觉强买强卖。如果你付不起入会费，你可以做志愿者，为客人登记或者帮助提供茶点，只要确保你能有足够的时间进行社交。

你能参加哪些符合上述标准的活动？

怎样不费力地与人闲谈

尽量提前到达社交场所，并和尽可能多的人交谈。你依然不必强行进行推销。那些潜在客户会自然而然地对你所从事的工作感兴趣。

一个让人们知道你从事什么工作的好方法就是问别人他们是做什么的。给他人关注，如同你想要得到的，毕竟对他们而言你也是一个潜在客户。

你不需要为谈话准备一个开场白，只要评论一下正在发生的事情就可以。如果能想出一个轻松有趣的评论当然更好，不过任何表述都能让谈话继续下去，"你觉得演讲者怎么样？"或者"参加活动的人真多啊，对吗"。不过，一旦僵局被打破，你就要准备一个包括更多内容的陈述或者问题。

你腼腆吗？看看房间里有没有其他腼腆的人，和他们进行交谈。他们会因为有人找他们说话而感激不尽。但不要整晚一直和同一个人说话。

对于由他人主办的活动，建立一个容易逃脱的途径，如果你不喜欢这个活动或者没法取得自己需要的东西，可以预先告诉主办人你可能需要提前离开，这样你就可以在不冒犯任何人的情况下中途退场。

深居简出的人如何进行社交

现在有一种个人社交的很好选择：互联网。如果你没有在鸡尾酒会时和别人闲聊，你还是能够结识新朋友，至少是通过虚拟的方式。找出你想要吸收成客户的人最常访问的网站，经常浏览这个网站上的内容。在博客和网站论坛上发表相关评论，尽量少地提到你自己的网站以及业务。当你成为这些网站上的常客时，人们将开始询问你所从事的工作，然后你可以告诉他们更多细节。

如果你本身就是很腼腆的人，那为什么不让别人主动来找你呢？不必和那些与你所服务市场无关的 80% 的客户打交道，而又能够吸引真正有关的 20% 的客户，这难道不是特别棒的事么？为了吸引这些人，你应该创建一个个人网站，在网站上发布一些和你所从事项目有关的文章和小窍门，以及人们能够与你取得联系的方式。

博客的效果更好，因为在博客中添加内容比网站容易得多，你还能用它来建立粉丝基地。鼓励他人的评论，但如果没有收到评论，也不要因此而感到沮丧。不要期待立刻能看到结果，人们发现你的这个过程需要时间。一旦你拥有了大量的文章，搜索引擎也会开始把人们引导到你那里，如果有其他博客和网站链接到你的网址更好。不要在博客上强卖，只是让人们开始认识你。如果你让自己的博客（播客，或者网站）反映自己的个性，人们将能感受到与你合作会是怎样的感觉，你的生意也就来了。决定你想要发表新内容的频率，并坚持下去。

"永远不要惧怕对生意的渴望。一个工作做得好的人永远也不会失业。"

美国前总统托马斯·杰斐逊

（Thomas Jefferson，1743—1826）

你也可以写关于自己的文章，并把它们发表在类似 www.ezinearticle.com 的网站上。每篇文章的末尾带一份个人小传和你个人网站的链接。人们会阅读这些文章并且可能会被其他网站转载。比如，我本人会写些文章，我在那个网站上发表了 25 篇与写作相关的文章，这些文章有 3300 次的阅读量，并且被 245 个 ezine 出版人转载。这些效果的出现是缓慢而长期的，如果你坚持定期发表文章，效果会更好。

考虑为当地出版物撰写一篇关于你所从事的工作的文章。编辑会允许你在文章结尾署上自己的名字、业务名称以及联系方式。如果你拥有能吸引大众兴趣的专业知识，你也可以定期为专栏写稿。其他媒介包括公司的新闻通讯和行业出版物。

如果适合于你的工作，你可以考虑出版通讯季刊。即使你的主要目的是推广产品或服务，你还是要确保这其中包含足够多的有用信息，使其具有较强的阅读性。

你是否觉得说话比写作更舒服？如果是这样，你可以考虑创建一个播客。就像在博客上发表文章一样，定期发表视频比创建新视频的频率更重要。如果你愿意进行公众演讲，那是另外一种吸引他人的好方法。

○ 你的社交策略

以上提到的吸引他人的策略中，你认为哪些策略对你最有效？

下一步是什么

本章我们讨论了很多专注于会议及社交的方法，以使它们相对不那么让人痛苦，并且更容易让你取得想要的结果。你可以把这些方法添加到前面章节你获得的武器库中。如何运用这些工具以使你可以轻松应对截止日期以及多项任务是下个章节将要讨论的内容。

PART 4

4

第四部分

归纳总结

[第 14 章]
CHAPTER 14

如何应对最后期限和多项任务

专注于一件事情比多件事情要容易得多。但在现实生活中，一次仅处理一件事情对绝大多数人而言都只是一种奢望。本章讲述的正是怎样游刃有余地同时处理多项事务，以及确保项目按时完成的最佳技巧。

如何通过逆向工作设定最后期限

对于最后期限，人们常会问起这样一个问题："你是要做得好，还是要做得快？"在如今的工作环境中，答案当然是："两个都要！"如果你把我们之前提到的策略都付诸实践，我想你很快就能把事情做得又快又好。而第一步就是需要确认你所认可的最后期限是合情合理的。

设定最后期限的最佳方法就是从目标开始逆向工作。从最后一步开始，推断到达最后一步你所需要做的上一步工作，如此反复，类推之前的每一步工作。比如你计划在 7 月 15 日举行一场为期一天的研讨会。以下是逆向工作的部分清单：

- 7 月 15 日：研讨会。
- 7 月 14 日：向所有参加人员发送最终邮件确认时间、地点等。最后检查视频设备是否均已到位。与配餐供应部门就会间休息提供的咖啡甜点做最终确认。
- 7 月 12 日：打印研讨会所需的所有宣传材料。
- 7 月 10 日：再次确认已预订所需的视频音频设备。
- 7 月 8 日：向配餐供应部门预订茶点。

一般而言，所有项目都可以被分解成类似的步骤。如果是长期项目，而项目涉及一些不在你管辖范围内的人员，你可能无法为他们执行项目所需的每一步骤规定具体时间。即便如此，给每个步骤限定日期依然可以帮助你管理项目进程。为项目的每一阶段都预留富余时间。很多人在安排项目日程表的时候总是想当然地认为一切都会按部就班地进行，而实际情况是，每天都有很多意想不到的情况发生。说不定什么时候，就有人忽然得了流感，需要休息一周；或者某个供货商突然破产，让你措手不及；又或者意外发现一份印刷品里有个大错误，需要重做。正因为这许多不可预知的情况存在，我们的日程必须提前考虑这些人为和技术性失误的因素。如果真的奇迹发生，一切都很顺利，你提前完成了任务，那么，恭喜你!

逆向工作的具象化

具象化工作方式能帮助你从目标结果逆向推导工作过程。让我们以一场全国脱口秀节目为例（这仿佛是最近很流行的一个目标……）。当你对其进行具象化管理，你会很自然地想要用一个对你有意义的目标来对这个脱口秀节目本身进行替代。

用 15 分钟时间进行这项练习。闭上双眼，放松，在最开始的一两分钟缓慢地深呼吸。然后用心观察、仔细聆听并感受当你实现这一目标之后，一切都有什么不同。这其实是"第二自我"策略的另一种解读——在这种情况下，你假设自己的另一身份已经实现了某一目标。

现在，尽情地享受成功。你需要考虑的是这些事情:

- 人们在对你说些什么? 他们在问你哪种问题?
- 你的周围都有些什么事物? 和你在一起的人都是谁?
- 你的感觉怎么样?

让你的身心沉浸在这种幻想中，不要急着回归现实。现在想象你正接受某杂志的访问。采访者对你如何成就今天的事业非常感兴趣。在你的想象中，你倾听他们的问题以及你自己的回答。不要强迫自己回答，想到什么就说什么。

让采访者渐渐深入，但也不要咄咄逼人。例如，假设他们会问："你是怎样成为全国脱口秀节目主持人的？"你的答案可能是："嗯，我先是做了一档地方台的脱口秀节目，这档节目非常成功，正因为如此，我才受邀主持全国脱口秀节目。"接下来，他们可能会问："那么你是怎样让地方台脱口秀节目与众不同的呢？"再接下来，问题可能会是："为什么会举办那场脱口秀节目？"

给自己足够的时间，假想采访经历的好处在于你有足够的时间来思考回答问题。不要评判你的答案，让一切顺其自然。当采访结束后，从你的白日梦中醒来，让你的灵魂归位，并迅速用笔记录下你所能记住的一切。有的人喜欢用录音机在他们做白日梦的同时记录下所发生的一切，这未尝不是一个好选择。

备忘录做好后，把它放好，改天再打开看。在那些你认为是通向你所要到达目标必须经历的步骤事件上做好记号。在一张白纸上按时间顺序进行粗略排序，从现在一直到达成你的目标。如果其中有些步骤，你分不清它们之间的时间顺序，那不妨先猜一猜。

找到你认为至此你的目标已完成一半的这一中间步骤。在我们刚才的例子中，这可能是你刚刚开始做地方台电视节目的时候。重复这一过程：花 20 分钟想象下那会是怎样一个情景，你会看到些什么，听到些什么，感受到些什么。想象下"第二自我"刚刚达成这一目标，然后想象你接受了另外一场采访。记录下你的发现，找出其中的步骤，然后按顺序进行排列。每次这么做的时候，你都会获得更多的细节。

你可能需要再这么做一两次（每次从剩余步骤中部开始），这取决于你的目标大小，一直到你认为你所得到的这一系列步骤已经能够让你很舒服地从现在开始进行你的工作。在我们的例子中，或许你需要参加一个有关公共演讲的课程或者购买一台录像机对自己进行录像，这样你就可以开始掌握成为一名脱口秀主持人所必须要掌握的各种技能。

所有信息都能用于描绘通向成功的地图，而这张地图是你完成所有步骤的指引。不过这种策略在运用的时候有一个难题，那就是为你需要完成的任务分配合理的时间。

利用时间评估经验

根据你做其他项目的经验，对于你认为某件事情需要多久，以下哪种表述最准确？

- 我一般会低估 50% 或更多。
- 我一般会低估 25%～50%。
- 我一般会低估 10%～25%。
- 我估计的时间通常与实际需要的时间差不多。

- 我一般会高估 10%～25% 。
- 我一般会高估 25% 或更多。

通过回答这个问题，你便能了解要完成你的下一个项目大约需要多少时间。如果你对于时间的估算总是少 25%，那么下一次在你所估算好的时间上最少再补上 25% 或者更多。如果你想对于时间的把握更准确，那么在这个时间段上再增加 10% 的时间。对你的客户而言，他们所想要的"惊喜"一定是你提前完成任务，而不是错过最后期限。

牢记 3D 准则

对于完成项目所需要的每一个步骤，你需要考虑它们分别适用于 3D 准则中的哪一条：删除（delete）、委派（delegate）或者执行（do）。如果这一步骤对你来说无关紧要，那大可删除，不必去做。如果其他人比你做得更快更好或者更节约成本，并且这在你 80/20 分析的 20% 以外，那么就让别人去做。否则，就自己用心去做。大多数成功人士在项目执行的每一步骤都会自然而然地考虑这些选择。

你的具象化和在以前类似项目中你所积累的经验，将会让你提前了解项目执行过程中可能存在的障碍。而你需要做的，就是多花点时间考虑如何解决这些问题。你最好能提前找到两个或者更多解决问题的办法。

"你的具象化将会提醒你潜在的障碍。"

监控你的进展

利用你的目标地图，你可以很轻松地监控自己的进展。如果你的项目中有其他参与者，那么你还需要监控他们的进展情况。如果他们的工作需要很长时间才能完成或者工作量很大，那么你便需要和他们沟通，为他们的工作过程设立节点，通过定期检查这些节点来避免意外的情况发生影响，从而保证项目按时完成。

即便如此，还是会有问题发生。让我来告诉你一个真实的故事。我曾经雇用过一位自由撰稿人帮我准备一系列案例分析的资料，这些资料将用于我所在公司为政府部门准备的一项重要报告中。每个礼拜我都和这位自由撰稿人联系，了解资料的准备情况，她一直向我保证资料的准备工作非常顺利。然而，到了要交稿的时间，她不但没出现，而且连电话也不再接听。

最后，无计可施的我只得找到她的丈夫询问情况，他的回答让我吃惊万分。原来这位自由撰稿人患有臆想症，她一直以为自己在做着我需要她做的事情。至于她的丈夫为什么不早点把这个消息告诉我，这个问题咱们暂且搁置一边，当下最棘手的是，到目前为止，我一个案例也没有，而只剩下一个星期的时间，这份代表公司的报告就该交给政府了。

为此我所付出的代价是每天工作 18 个小时补齐所需要的资料。因为这件事，我才明白这句格言的真正意义："不要寄一切于希望，要仔细检查！"

在你的工作中，你会以哪三种方式开始运用"不要寄一切于希望，要仔细检查"这一格言？

_____

_____

_____

不要急于追究责任

当问题发生时，人们很容易立即想到是谁的过失引发了这一问题，而不是应该怎样解决问题。在这种情况下，更具建设性的做法是提出以下问题：

- 现在能做些什么来解决问题？
- 谁是解决问题的最佳人选？
- 我们怎样避免相同问题再次发生？

留意暗示和机遇

一旦计划中的某一部分出现问题，它就有可能影响到项目执行过程中的其他步骤。因此，你需要经常审视目标地图并对其进行必要的相应修改。如果对于可能发生的情况，你已经进行考虑并预留了充足时间，那么它们应当不大会对你的项目进度产生影响。如果真的有很严重的问题发生，那么你需要考虑的是你的计划中有哪些因素会因此受到影响，以及你需要为此做些什么。有可能你需要为此寻求外界的帮助，看看哪些事情可以让别人去做，或者对原始计划进行修改，让你可以按时完成任务。如果确实需要对最后期限进行调整，那么你应该尽早通知可能因此而受到影响的人。

在项目执行过程中，你也有可能为某些步骤找到捷径，比如采用新技术或者把更多的事项分配给其他人去做。实际情况是，在项目执行过程中，人们往往过于依赖原计划而无法看到这样的机会。既然你的目标无法改变，那么实现目标的最好办法就是保持思路开放。

保留之前的项目地图，定期查看你曾做出的调整，看看这些改动能否给项目的剩余部分或未来的项目提供某些启发或者教训。

隔离问题

如果你发现自己落后了，不要只是试着更快地做每件事。把问题隔离出来：是什么让你无法实现目标？是因为其他人没能按时完成工作？如果是这样的话，有些重要的问题

需要考虑:

- 他们是否清楚你对他们的期望?如果不知道的话,你将如何改变和他们的沟通方式以解决这个问题?一种做法是给他们一份目标地图,这样他们就能明白自己的工作对其他任务的影响。
- 他们是否同意根据你的要求按时按量提交工作?
- 你是否为他们建立了确保工作按进度开展的时间表?是否有对应的检验方法?
- 如果他们未能按时交付工作,问题是什么?你和他们需要做什么来保证解决问题?
- 如果解决方案不起作用,你是否准备了备选方案?

如果问题出现在你身上,问自己这些问题:

- 你落后的具体原因是什么?
- 你可以立即做些什么来对当前的状况进行弥补?这可能需要你从当前形势中后退一步,换个角度看待问题。正如爱因斯坦指出的一样,你无法在问题产生的层面解决问题。通过利用第 7 章描述的几个"第二自我"的视角看待这个问题,你将会获得很多关于正在发生事情的信息。
- 如果你依然无法找出问题的症结所在或者找到解决方法,谁能够给你提供帮助?理想人选是能够以全新的视角,毫无偏见地看待当前情况并给你提供建设性反馈的人。不过,仅靠听听其他人的观点就足以让你想出新的办法来。

- 你能否在不对自己的其他义务产生消极影响的情况下执行解决方案？从一个项目往另一个项目中挪用时间或者其他资源只会转移问题，不能解决问题。

用 MAD 创造动力

大多数项目都有进度减慢、延迟或其他不顺利的事发生的时候，这不仅会减弱参与者的动力，也会削弱士气。这是使用高度专注技巧的好时机，我将这一技巧称为 MAD：大规模行动日。这一天你抛开其他所有事，集中全部注意力，在 8 个、10 个或 12 个小时内完成平时可能要花一星期才能完成的事。当然你并不会想要一直保持这个速度，这和长跑运动员要超过对手时所进行的冲刺道理相同。它能够给项目注入新的能量，能够重振你和其他人的热情和信心。以下是如何进行 MAD 的方法：

- 提前一天准备好所有必需物品和文件。在大规模行动日，你不想为寻找文件、订书钉或任何其他东西而浪费一点时间。

- 在大规模行动日开始时为这一天设定明确的目标。制定一份以小时为单位的行动计划。完成每项任务后在计划表上相应做出记号，保持享受任务完成所带来的成就感。

- 每 90 分钟休息一次。研究表明，90 分钟是注意力集中的

循环周期，所以每过一个半小时休息 10 分钟将会比连续
工作更具成效。

- 在休息时做些体力活动：绕建筑物快走或者上下楼梯，伸
  展运动甚至原地跑步都可以。你可以做任何能够加速血液
  流动的事。

- 保证大量饮用水和健康零食的供给。如果你通过喝咖啡或
  者喝茶来保持警醒，要少量多饮，而不要多量少饮。

- 在大规模行动日结束时，进行庆祝并给自己一定的奖
  励——一顿丰盛的晚餐，看场电影，或者任何其他你喜欢
  的事。

　　你的生活中目前是否有停滞不前的、能够在大规模行动
日受益的任务或项目？如果有，在这里对它进行描述，并且
表明你将利用大规模行动日重新做这件事情的时间：

专注的另一个秘密武器："时间胶囊"

　　过于频繁地使用 MAD 是不切实际的，但你可以使用另
外一种技巧，以在更短时间里取得最佳效果。我把这一技巧
称为"时间胶囊"，建议你把它用在 90 分钟的时间段里。这
里是它的使用方法：

- 拿一张纸。在纸的顶端写出你在未来90分钟内将要完成的任务。要有野心。

- 接下来，写出为了实现目标所需要的全部物品，比如某些文件、办公用品、书籍等。

- 准备清单上你认为必要的所有物品。

- 关闭手机，在办公桌上放置"请勿打扰"的标牌，做好一切能够确保自己不被打扰的准备。如果有必要，去另一个地方。

- 设置一个每90分钟响一次的计时器（比如厨房计时器或者电脑桌面上的计时器，甚至可以是闹钟）。

- 开始工作。不要查看邮件、手机短信或做任何其他会干扰你的事。全神贯注地工作。

- 如果你在90分钟之内完成任务，继续做下一件事。如果没能完成任务，当计时器响后，停止工作。

- 在这张纸的最下方写下你在"时间胶囊"中完成（或未完成）事项所得到的经验教训。比如，如果你发现隔壁工作间传来的噪声会让你分心，那可能意味着下一个"时间胶囊"的执行需要更换地点。

如果你没能在那90分钟里完成所有你所期望的事，你可以选择将未完成的部分转移到另一个"时间胶囊"中。但要先休息一下，做些必要的事以免之后受其干扰，然后重复这个过程。重要的是在这一过程中进行记录。你所记录的内容会帮助你真正做到专注，并能够从有效的和无效的事情中汲取经验，这样才能在今后使用"时间胶囊"时变得更加熟练。

如何利用恐慌

如果已经使用了所有技巧，那你应该永远不必感到恐慌。假设你已经做了最大努力，但项目还是失去控制，这就要求你做出很大努力来赶上截止日期，这里有些建设性的方法能够让恐慌为你所用，而不是妨碍你。你会发现，这里面的一些方法其实是大规模行动日方法的延伸。

- 果断地删除项目中可有可无的东西。这是调整多余元素的时机。现在你的目标仅仅是交付完全承诺的东西。摒弃自己身上任何完美主义的残留。在步入正轨之前，你的新目标是"足够好"。

- 果断删除任何项目以外并非绝对必要的东西。如果这个项目需要你投入更多时间，那么取消所有社交活动，并推迟其他项目，前提是这种做法不会造成致命后果。保持适量能让你清醒且有效工作或运动的睡眠，不必贪睡。

- 寻求帮助。委派别人做哪怕很少的一些基本工作，比如校对、查证事实以及保持咖啡供应，都会有所帮助。如果这个项目需要团队的力量，营造一种"齐心协力"的氛围。

比萨、音乐甚至一些简短而滑稽的游戏都会使团队成员
保持清醒。对愿意和你一样做出牺牲的人承诺一些奖励办
法。比如，如果你要求别人加班，可以告诉他们，问题解
决后，他们可以获得丰厚的加班补偿。

这些特别的方法应该留待特殊场合使用。如果所有项目
都以这种恐慌告终，你就无法做出计划。恐慌结束以后，花
些时间分析你可以做哪些事情来避免恐慌，以及下一次碰到
这些事情的应对方法。

如何管理多个项目

很少有人能够享受一次只做一个项目的奢侈待遇。事实

上，如果真的这么做了，很多富有创造力的人们一定会觉得枯燥至极。无论是你自己的选择还是他人的要求，你很可能必须要同时应付多个项目。令你难以想象的是，你可以利用它，使其成为自己的优势。要想让这种方法发挥作用，你需要做几件事：

- 如同前文提到的一样，为每个项目制定目标地图，标明你想要实现每一步骤的时间。通过这种方式，你可以对项目进行排列，从而了解自己在某个星期、某天中所需要完成的任务集合。

- 把所有相同的活动安排在一起，按照活动而不是项目来给自己制定日程表。假设有两个项目需要你进行一些网上研究和拨打电话，先做完所有的网上研究再拨打电话和先在网上研究项目 A，随后拨打项目 A 所需要打的电话，接着在网上研究项目 B，然后再拨打项目 B 所需要打的电话相比，前者会使你的工作更有效率。

- 对于一个项目，无论你正在学习或者经历些什么，主动寻找能够将其运用到其他项目上的方法。这并不要求所有项目都是相似的；事实上，最具创意的解决方案通常是当人们把一种情况下的有效方法运用到另一种情况时产生的。比如，麦当劳开发出的与标准流程相关的课程现已被其他众多行业采用。

- 利用一个项目中的间歇时间来促进另一个项目的进展。当你到达一个无法让项目继续前进的节点时，可能因为你正等待别人的帮忙，这时你很容易转移到 80% 的那些低价值活动中。如果休息时间到了，一定要休息，这会是查看其他目标地图的好时机，看看在等待的过程中你可以做些什么。值得注意的是，这并不是广受质疑的多任务处理。结果毋庸置疑，当我们试着同时做两件事情时，我们没法把其中的任何一件事做得跟我们倾注全部精力做一件事情时一样好。

如何为多个项目设定时间

如果有选择的余地，最好把几个项目错开，这样它们各自的最后期限就不会离得太近。无论如何计划，你可能还是会发现截止日期到来前的一两个星期，你需要投入更多的努力。如果碰巧有两个或两个以上项目同时出现，这就会造成压力。同样，很多人发现他们更愿意使项目处于不同的活动阶段，这样在某个星期里，他们可能处于项目 A 的计划阶段、项目 B 的早期执行阶段以及项目 C 的完成阶段。

调整项目的另一种做法是把一个项目中的大部分工作分配给其他人去做，此时你可以集中精力全面参与到另一个项目中去。

下一步是什么

　　利用这些工具来应对目标截止日期，运用技巧来应对多项任务，你现在已经了解了成功的全部技巧。当然只有当生活的所有部分处于平衡时，真正的成功才会到来，这就是下一章的主题。

第 15 章

如何保持新发现的注意力

　　你现在拥有很多能够帮助你在规定时间内实现所设定目标的工具。你将通过本章了解保持新发现注意力的有用技巧。你将会发现，这包括拥有平衡的生活、足够的休息时间、锻炼和娱乐，对生活和工作保持玩乐和富有创造性的态度。这些是成功人士的秘诀，为生活而工作，而不是为了工作而生活。

你的生活是否平衡

　　从本书开篇，你便了解了如何运用 80/20 法则在生活中各个领域取得你想要的结果。然而，在我们的世界里，人们总喜欢从狭义上定义成功，这大多涉及金钱和荣誉。但很多人为了获得荣誉和财富而付出了沉重的代价，那就是为什么很多人把全部精力投入到事业或生意上，却忘记了他们也有创造美好家庭和个人生活的工具。

如果你觉得寻找平衡很难，那么在生活中每个领域都设定一些目标，然后保证所有的目标都能得到你平等的时间和关注。这些领域包括：

- 健康和健身。通常我们认为健康是理所当然的事，直到我们不再拥有它才会意识到它的珍贵。如果身体不好，你就无法完全享受生活中的其他部分。给自己在锻炼、健康饮食、休息以及娱乐方面设定一些目标是合乎情理的。

- 家庭关系。如果你因过于努力工作而错过孩子的童年，你获得的东西值得你做这样的牺牲吗？就算你认为自己已经在这个领域取得了平衡，问问"专家"的意见：你的配偶、你的孩子以及家庭中的其他成员。如果他们的答案和你的不一样，可能是时候重新考虑你对于时间和精力的分配方式了。

- 友谊。你有没有花时间和老朋友保持联系，结识新朋友，特别是工作圈以外的朋友？有的时候你想"以后"再来办那些事，这倒是很容易，但什么时候才是"以后"呢？

- 你的宗教或精神维度。只有你才知道自己喜欢的模式，但你是否关注过这方面的问题呢？

- 社区活动的参与。这可以有很多不同的形式，从志愿者工作到捐赠，到你最喜欢的慈善，或者仅仅是认识一下邻居。

你的非工作目标

为这些领域至少写下一个目标：

健康和健身_____

家庭关系_____

友谊_____

宗教／精神 _____

社区活动_____

"新事物的创造并非由智力，而是由内心需要的游戏本能完成。"

卡尔·荣格（Carl Jung，1875—1961），瑞典心理学家

减少睡眠或锻炼时间：不合算

有的人是如此投入或者热衷于追求目标，以至于他们认为减少睡眠时间是能够释放更多时间来追求目标的好办法。但不幸的是，用不了多久，睡眠被剥夺的问题就会出现。起初你可能根本注意不到，特别是当你试着用增加咖啡因剂量的办法来补偿这一点时。但大脑的快速反应功能会因为缺乏足够的休息很快恶化。其影响包括注意力降低、记忆力减退、易怒以及更缓慢的反应时间。长期如此，甚至有可能引起心脏病、高血压和肿瘤。最新研究也表明，缺乏睡眠可能

导致肥胖。

专家一致认为，个人睡眠所需的时间通常为每天 7～8 小时。如果你的睡眠时间没有那么多，并且你常常会感到有些疲劳，可能正是因为睡眠被剥夺。不仅如此，缺乏睡眠还会影响你形成创造性想法的能力。试着增加一些睡眠时间，你将会了解自己真正需要多少睡眠。

如果你需要改变睡眠习惯，在这里进行总结：

同样，有些人说他们太忙了没时间锻炼。说这话的英国和美国人中，60% 都有超重或肥胖的问题，众所周知，这会对健康产生严重影响。本书并不是一本健身书籍，但缺乏好体魄的人显然很难做到专注高效地工作。如果你担心这会浪费时间，那么你可以听一些播客或者业务相关的音频书籍，这样你就能一边锻炼一边学习了。

如果你需要改变健身习惯，在这里进行总结：

压力蔓延

其中有些现象我们已经讨论过，比如过量信息以及你必须一周七天、一天二十四小时与外界保持联络，这些都极大地增加了你所承受的压力，并且会对你的健康产生消极影响。充足的睡眠、锻炼以及休息能够抵挡压力蔓延，因此，假期甚至简短的休息都能够让你从日常工作中解脱出来，哪怕只有半天时间，最好能在自然环境中（即使只是当地的公园）。

现在连半天时间空闲也没有吗？那么就从短时间停下思考开始。坐在路边的咖啡屋，点一杯果汁（而不是浓缩咖啡），关闭你的手机，然后就这么看着过往的人流。注意他们中有多少人在打电话。数一数有多少人在微笑，多少人在皱眉。数一数有多少会抬头看看其他人或者看看周围。深呼吸。

"停下思考。"

如果你需要做更多事来减少压力，写下你将在今天或者明天要做的一件事：

_____

"最好能让你的生活保持平衡，这是最安全的做法，确定我们周围以及我们身边存在着伟大的力量。如果你能做到这一点，并且接受这一点，你就是一个真正智慧的人。"

欧里庇得斯（Euripides，公元前 484—公元前 406 年），

希腊悲剧作家

花时间玩乐

本章给出的最后建议是：找时间玩乐。玩乐和创造力

之间有着非常紧密的联系，成功靠的是聪明地工作而不是一味埋头苦干。有的人一直很努力地工作，他们甚至想不出任何有意思的或者愚蠢的事情来做。对于那些人，这里有通过 30 天解放创造力的做法（如果这个月有 31 天，你得自己再想出一个办法）。

创造力的 30 天

1. 写一首与你生活相关的乡村歌曲。

2. 问你的祖母，要如何解决你最紧迫的问题（如果你的祖母已不在人世，想象她会如何回答）。

3. 看看你杯中的茶叶。写下你看着这些茶叶残渣时脑海中浮现出来的任何想法。

4. 如果你有一个知名品牌，你的广告语会是怎样？你希望它会是怎样的？你得做些什么来证明你喜欢的这个广告语合乎情理？

5. 中午到公园里逛一个小时，看看公园里的人。

6. 对你今天遇到的人说三句真诚的赞美。注意他们的反应。

7. 花半个小时参观艺术展。选一幅画，至少研究十分钟。

8. 在睡觉前给自己讲一个睡前故事。

9. 给朋友寄一张感谢卡。不要留你的姓名和地址。在里面写上，"只是觉得需要向你表示感谢"。伪装你的字迹，并且永远不要把这件事说出来。

10. 趁没人注意的时候，在街上放一枚硬币，然后在路边看看谁会捡到它以及他们的反应。如果你很大方的话，放五元钱。

11. 乘坐一辆开往任一方向的公共汽车或者地铁。随身带一副纸牌。任意拿出一张牌。牌面的数字就是你乘车的站数，下车后，在周围逛一个小时。

12. 到玩具店买一个儿时曾经玩过的简单玩具（比如，悠悠球或者一些黏土模型）。周末花一个小时玩这个玩具（如果你觉得尴尬，那就在没人的地方偷偷玩）。

13. 出去散个步，想象自己是一本书或者电影里你最喜欢的角色。他们会怎样看待这个世界？他们会对遭遇到的事情有怎样的感觉？如果你很勇敢，那么以这个角色的身份和他人交谈（也就是像你的角色那样说话）。

14. 到一家专门供应你很少吃的那种食物的饭店。让服务员替你点菜。

15. 体验一次浮力池。如果不行的话，坐在放满和体温相当的水的浴缸中，关掉所有的灯，戴上耳塞，放松，让你的思绪四处游离。

16. 收看播放你听不懂语言节目的电视台。编造属于你自己的对白翻译。一开始假设播放的是科幻剧，然后是喜剧，再接下来是肥皂剧。

17. 躺在衣柜里朝上看。

18. 选择最近发生你身上的最重大事情。假设这是你上的很有价值的一堂课。从这段经历中你能学到什么？

19. 假设你是爱因斯坦，他第一天做你日常所做的那些事。他会问些什么？他会做些什么？

20. 回忆你现在已经不再联系的一个儿时好友。花五分钟时间为他与你分别之后的日子编造自传。

21. 写一份疯狂的个人广告。如果你喜欢，可以真的把它刊登在杂志上，然后看看你会得到什么样的答复。对收到的所有来信进行回复（但你不必告诉他们你的真实姓名和地址）。

22. 找一本漫画书，用涂改液涂掉所有对白，然后自己编写新的对白。

23. 一天中，花三倍于说的时间来倾听。注意人们对你的反应有什么不同。

24. 在口袋里放一枚硬币，通过扔硬币决定一天中所有小事。

25. 一天开始的时候，写下你自己的占星结果。一天中，看看你能让其中的多少变成现实。

26. 在书店阅读一本惊险小说或者犯罪小说的最后 10 页。试着想象之前都发生了什么。

27. 准备一张明信片。在正面贴上你的办公室或者工作区域的照片。在背后写下你过得很好。（你确实过得很好，不是吗?) 然后再写一点你正在做的事。把它寄给一个朋友或亲戚。

28. 下一次你问别人他们过得怎么样,而他们敷衍地答复你"很好"时,你接下来说:"很棒……那现在发生的最好的事是什么呢?"

29. 为自己所做的值得骄傲的事做一份令人印象深刻的证书或者奖状,裱上框,挂在墙上。你可以随意使用沃尔夫注意力及创造力高级学院(Wolff Institute of Advanced Focus and Creativity)作为颁奖单位,我信任你。

30. 创立你自己的十诫。跟原作有所不同,你需要专注于什么该做,而不是什么不该做。

当然,这 30 个创意举动只是一个开始。为什么不在月初想出你自己的 30 个点子呢?

　　如果你有朋友忘记在娱乐和创意上花时间，在一张明信片上写下上面的一个点子或者你自己的一个点子，寄给他们，并且要求他们把自己的想法回寄给你。

下一步是什么

　　保持一份玩乐的态度、一份平衡感以及充足的休息、锻炼时间，你会发现保持专注的能力和实现你最珍视的目标变得容易起来。本书的下一章是关于一个 30 人的团体怎样使用专注的方法实现突破性的目标。他们学到的内容能够帮助你快速实现自己的目标。

第 16 章

目标突破经验

你可以以天为单位，把本书介绍的技巧运用到你的工作中去，或者像第 2 章谈到的那样，设定并实现对你有意义的目标。本书第一版发行后没多久，我通过互联网和世界各地的 30 个人一同行动，我教他们使用读到的这些方法来帮助自己在 60 天内实现目标。我也为自己设定了一个目标。我想在本章和你分享其中的一些例子，包括我们遇到的诱惑、障碍以及克服它们的方法。

如果你想跳过本章并开始创建自己的专注目标计划，你可以直接阅读下一章的内容，但我认为你可能发现我们的例子会对你有所帮助和启发。因为有些个人目标是很私密的信息，所以对于例子中出现的人物，我只用姓名中的名来称呼。

设定目标

我们的目标多种多样，包括：

- 写一部犯罪小说的开头 30 000 字。
- 控制血糖，将血糖水平控制在 7% 的平均水平或者更低。
- 为一部 19 世纪背景下的某人物传记小说寻找出版商。
- 对文件、文档、投资记录、照片资料进行整理，使其有条理且易于进行更新。
- 为一部已完成的剧本寻找制作人。
- 使白天的有效工作时数增加一倍。
- 考察是否改变职业，如果是，要采取哪些步骤。
- 体脂率从 18% 降低到 15%（这项是我的）。
- 创作 10 件新的珠宝首饰，对它们拍照，并在互联网上销售。
- 执导一部微型电影。

当然，我鼓励人们设置大胆的目标，但同时也提醒他们，这些目标只需要对自己有意义。以我为例，18% 的体脂率是完全健康的，因此并没有什么"合理"的原因需要把它降低到 15%。但我想要这么做，这只是给自己一个进行锻炼的动力，看看那会怎样。

60 天计划

我们把 60 天作为实现目标或者大目标某一部分的时间

单元，因为这段时间长到足够你做很多事情，但也足够短，短到你可以看到终点。

不过，你可能还记得本书早些时候曾提到，我并不认为硬性的截止日期效果会好，除非你能够对这一过程中的所有因素进行控制。在减少我身体脂肪含量的例子中，这千真万确。我可以通过控制运动量和卡路里的摄入量来减慢或加速实现目标的进程。同样，设定在 6 周内撰写 30 000 字目标的作家也能够对目标实现过程进行控制，只不过这可能意味着需要牺牲一些睡眠或其他活动的时间。

想要为手稿找到出版商的作家能够说清楚他愿意做些什么，会试着做些什么来让这一切发生，但最终决定权还是在出版商手里。因此，我鼓励他想想自己会采取哪些形式来努力，如果他无法为手稿找到出版商，他需要准备一个备用方案。

保持警惕

参与人员注意到一件事，那就是当你开始朝着目标方向思考时，靠近你想要的结果的机会似乎会突然出现。

要保证你发现这些机会，做一张你想要拥有的所有机会的清单很有必要，因为那会使你的思路更加开放。记住，它们通常会带着你意想不到的伪装。参与者发现了一个有用的技巧。

每天早上，在你的笔记本里写下，"今天我要注意……的机会"，用和你目标相关的内容对这个句子进行填空。比如：

- 如果你的目标是扩展业务，你可能会写，"今天我要注意其他类型企业成功的方式"。
- 如果你正写一部小说，你的句子可能是，"今天我要注意遇到能够写进我小说里去的人或者事的机会"。

每天晚上在你的笔记本里写下"今天发生的一件能够帮我朝目标前进的事是……"，并完成句子。如果你什么也想不起来，重新回顾当天发生的所有事，你可能会发现自己差点错过了一个机会。

参与者中的一位，吉赛尔说："共时性来得正是时候！我相信这个，并且有办法利用它。我会在晚上完整地写下自己想要处理的问题或事情。不可思议的是，第二天答案就会以对话、电子邮件或者其他方式出现。当然，如于尔根所说，这是让你的潜意识提前做好准备以取得原本就在那儿的东西。这并不是魔术，但有时感觉还是挺神奇的！"

障碍 1：网络成瘾

所可能出现的最大障碍之一是对互联网和电子邮件的成瘾。波利娜，一位单口喜剧表演者，发现在没法上网、没法查看邮件的情况下，自己更有效率："我在爱丁堡参加演出，做些我自己的事情，尽管如此，我还是有很多时间用来写作（几乎和在家时一样多的时间！）这有几方面的原因，其中之一是我没法获得和平时一样多的无限网络资源，所以在看别人博客和自己写博客上浪费的时间便少了……"

一些参与者采用的最简便解决方法是：到没有无线网络的咖啡厅或者其他地方工作。另外一个做法是在每45分钟专注的努力后，花几分钟时间上网，把它当作对自己的奖励。有人发现每天只查看2～3次邮件的做法很有用。

障碍 2：积习难改

参与者注意到，虽然放弃80%低产出的时间使用方法并不算难，但如果这还涉及其他人，就要困难多了。我的建议是：有时暂停活动要比直接宣布不再做这项活动要容易。比如，如果你很多年以来每周都会和朋友一起吃饭，但你越来越觉得这件事不如以前有趣，你可以告诉他们你参与了一项非常耗时的项目，未来几周你都会很忙，你需要暂停和他们之间的这种约会。你可以等这段时间过后，再决定是否恢复和朋友的聚会，改变（比如一个月见一次，而不是一个星期）或者完全停止这个聚会。或者你可能决定要和那人做些不同的事，这样你们都会重新喜欢上这个活动。

障碍 3：挫折是难免的

有时开始新目标的激情会在前一两个星期让你全速前进，但之后你会遇到挫折，这让人非常沮丧。但这是成功的必经之路。

比如，卡门报告说："我这个星期过得糟透了，一直没锻炼，手机还掉到了水池里，天气热得要命，气温超过 30 度等。发现这些后，第二天我让事情都慢了下来，一切才渐渐回归理想状态。休息了一段时间之后，我解决了手机的问题，找来了一些新的树木种在家里，这很棒，也很让人满足。我觉得人应该经历一些苦难的日子，这是有好处的——保持注意、小心，然后再重整旗鼓。"

海伦这样形容她的情况："有成功也有失败。比如，上周四我在接听一通重要电话时表现得很不好，这让我那天后来一直都非常沮丧。然后，周五的时候，我的活力又恢复了，我在工作时间完成了一份投资者简报，这打破了我的纪录。"

给自己留些余地会有帮助。比如，我知道在实现 15% 的身体脂肪含量的计划期间，我要去柏林待 4 天，所以考虑了在烈日炎炎的热天畅饮爽口德国啤酒所需要付出的"代价"这一因素，我并不期望那个星期自己会在减脂行动中有所进展，因此我强化了这之前一周和之后一周的努力强度。对于工作而言，当截止日期即将到来，而你也清楚其他任务会在某些时候占用你的大部分时间，在这种情况下，这一策略也同样有效。

其他情况下，一些不可预知的事情会突然出现，比如得了流感或者需要应付一个"紧急"项目，在这种情况下，做该做的事，然后回到正轨上。如果你在最初的计划中已经为任务预留了比你所认为实际需要的时间多至少25%的富余，那么这一切都将简单很多。

"做该做的事，然后回到正轨上。"

障碍 4：中间时刻

到目前为止，对大部分参与人员而言，最困难的时候是目标执行到一半时。最初的激情渐渐消退，困难开始出现，而终点似乎还在很远的地方。这个阶段我们最需要的就是支持。对于这个计划而言，那就是学员所得到的经验教训、所进行的练习，以及学员交换意见和想法的能力。沃尔特报告说："我能感觉到身后有一股力量，这是我真正喜欢这个计划的地方。就像一台不断向前驶进的柴油机（不太快，也不太慢）。"记住，如果你没有支持你的家人或者朋友，那么去结交一些新朋友（无论是网络上的，还是现实中的）。

中间时刻也是审视你的计划是否按部就班执行的大好时机。有些人意识到自己的野心太大了。比如，乔希一开始计划在8个星期内写50 000字,结果因为还有其他事情要做而无法完成。如果硬要这么去做,那很可能会影响作品的质量,所以最好还是对目标进行相应调整。

波利娜注意到中间时刻的来临会引发一些心理问题。她写道:"我痛苦地意识到自己的工作成效在计划执行到一半时所产生的衰退,那是一种既'害怕失败'又'害怕成功'两种感觉的混合。我反抗的方法之一就是硬着头皮继续做下去,每天早上设定好闹钟,到时候就起床。"

有的人能够正好按进度完成计划,甚至会提前完成。比如,伯尼斯的目标是让她的碗柜和抽屉有很多空间。计划执行到一半时,她报告说:"这个计划已经完成了50%不止。上个周末我们进行了大规模行动日。我们在星期六花了8个小时、星期天花了5个小时来整理橱柜。好意慈善事业组织(Goodwill)⊖可能得建个新仓库来放我们的东西了。整理好之后的碗柜和抽屉看起来简直棒极了,我们就那么站在一边欣赏,这感觉非常好。"

无论是落后、提前还是正好按时完成任务,中间时刻都是再次利用80/20规则的好时候。具体做法就是在你的笔记本中写下:

⊖ Goodwill,"好意慈善事业组织"是美国著名的非营利慈善机构,它的运营主要包括物资接收、物品处理、物品销售三个流程,该慈善机构的广泛设置捐助站(点)、积极寻求与其他组织的合作、"以劳代工"的救助方式等经验为中国慈善机构的发展提供了借鉴。——译者注

- 你所做的三件已被证明最为有效的事。

- 你怎样才能更多地做这些事（假设它们相关）。

- 你试过的但却不像你想象中那么有效的三件事。对于每件事，写下你正在使用的或者可以尝试的替换方法。

- 你将怎样把这些最有效、最有希望的方法运用到你第 4 周的计划中。

随着时间一周周地过去，你找到最有效方法的能力也会逐渐提高，这将能够给你提供越来越多的力量使你实现目标。比如，珠宝制造商桑迪报告说："我通过 80/20 法则发现，珠宝配件和半成品比成品更好卖。我要找到更多不常见的珠宝半成品和配件，然后把工作重点放在这些东西上面。"

沃尔特的目标就是销售显示器，他记录到："我感觉通过写私人邮件，附上故事简介以及个人简历（特别是这一点，这是我个人的感觉），然后邮寄给对方会比较有用，所以我会尽量多地这样去做。我另外的策略就是问问我的朋友，看他们是否认识在影视界工作的人。结果确实有人认识，这样我和一些不认识的或者没想到的人取得了联系。"

决定因素：1001 个决定

参与者在这一过程中认识到的一个关键问题是，决定目标只是第一步，实际上目标能否实现取决于我们每天所做的那些小的决定。我把这称作你的"1001 个决定"。

你的这 1001 个决定在每天你决定向目标继续前进或远离时发生。有时这些决定是那样微不足道，你根本都注意不到它。

比如，如果减肥是你的目标，这些决定可能包括：

- 乘坐电梯还是走楼梯。
- 在喝咖啡时吃一个松饼还是不吃。
- 在吃糖果之前，查看糖果包装纸上所注明的卡路里含量还是直接吃掉糖果。

如果你的目标是每天或每周完成一定字数的写作，你的决定可能包括：

- 观看真人秀节目或者把这时间用于写作。
- 在等公共汽车或地铁时，只是站着看看周围的人还是拿出一本便笺，对场景或角色进行构思。
- 闹钟响过以后，翻个身继续睡觉还是起床进行写作。

如果你的目标是在工作上取得晋升，你的决定可能包括：

- 准时回家或加班一两个小时完成一个重要报告。
- 继续保持现有水平或者参加一门新技术的课程。
- 阅读逃避现实主义者的书籍或者阅读和推进与事业相关的书籍。

好消息是如果你一直做出些有助于目标实现的决定，一段时间之后，这就会成为你的习惯，你便不再需要思考或者意志力来做这些决定。比如，海伦想要使她的工作成效翻倍，她记录到："我意识到如果对自己进行计时，我就会做得很好。"她也通过决定"早点睡觉而不是浏览社交网站或其他网站。当睡眠不足时，我会发现自己不够专注……这会减少工作时数"，从而取得了很好的成果。

成功的喜悦

目标实现后，你不仅会获得直接的好处，而且还会发现这能够大大提升你完成其他目标的自尊和能量。就算你没能100%地实现自己的目标，这感觉也是存在的。这里列举了部分参与人员在项目结束后所做的评论：

- 阿德里安娜："这个项目强迫我集中精力并且对时间进行记录。我现在知道每个星期可以花10个小时用来写作，我有一个每日健身计划（8月中旬以来，我的体重减轻了4公斤），我完成了一个章节的写作和第二个章节的初稿。可以说，我的目标已经实现了75%。我还对自己拖延的方式和事件有了更加深刻的了解。最后，我还对自己年前的所有目标和指标进行了安排。"

- 尼克："我的目标是拍摄自己的微型电影，这个目标大概完成了 60%～70%。虽然我并没有完成这部电影，但我还是把它看作一个成功的经历，因为我以前计划花 6 个月时间来做这件事，但却什么都没做。另外，这个计划没能进一步实施，是因为有外界因素的影响，比如其他人的档期问题，这也得考虑进去。但目前，拍摄日期已经确定，拍摄地点和剧组人员都已经找好，所以这个项目已经蓄势待发。"

- 桑迪："我以前并不知道自己的注意力有多么不集中，也不知道这对我的结果影响有多大。我已经制定了每日计划来帮助自己保持专注。我为自己认为重要的事情预留了时间——锻炼和健康。"

- 本找到了三个愿意出版他手稿的出版商，但他有新的决定："我在过去 60 天里的突破使我认识到可能要自己出版这本书，因为这是我能够控制出版质量的唯一途径。"

- 海伦："对我来说，经历这个项目最重要的是我更加完整地了解了自己在这些目标背后的情绪状态，以及这些目标的技术障碍。这些意识帮助'英雄'有勇气继续在旅程中走下去。"

- 我："我实现了脂肪含量达到 15% 的目标，最终测量数据是 14.75%。比实现具体目标更为重要的是，在这个过程中我了解了关于饮食和锻炼的重要信息，这对我未来的人生都非常有用。"

下一步是什么

接下来是你了！如果你想了解更多关于 60 天在线突破计划的内容，你可以阅读相关内容。当然你也可以利用下一章节的内容建立你的目标计划并实现这个目标。

第 17 章

如何有条不紊地实现所有目标

如果你在阅读本书的过程中也一并做完了所有练习，那么你就已经朝着自己的目标迈出了一大步。不过，在阅读这种类型的书籍时，很多人喜欢先将全书通读一遍，然后再回过头做练习。为方便起见，本章对全书所有要点和重点步骤进行了整理，这样你就可以轻松地将"专注法"运用到以后所有的目标和项目上了。

确定你想要通过专注法得到的东西

通过运用构成专注法的技巧，你想要使你的生活发生最大的变化是什么？

步骤 1：分析你的 80/20 时间

- 在生活的很多方面，你所做的事情中只有 20% 给你带来了 80% 的好结果。
- 把精力集中在具有积极意义的东西上，是成功的捷径。
- 通过找出你所做的给自己带来最大价值的三项活动以及最近你花费在这些事情上的时间，你能够了解有多少空间可以对时间分配方式进行改进。
- 坚持做不会带来物质价值或情感愉悦回报的事是人的天性，但战胜旧习惯，你将在成功和快乐上取得收获。

就工作而言，目前能给你带来最大价值的事情是什么？

_____

_____

就个人生活而言，目前能给你带来最大价值的事情是什么？

_____

_____

工作生活中，你没有做到的哪三件事能带来巨大价值？

_____

_____

个人生活中，你没有做到的哪三件事能带来巨大价值？

_____

_____

_____

你的工作生活中，什么旧习惯代表了时间运用上价值较低的 80%？（这将是删除的一个好选择。）

_____

_____

你的个人生活中，什么旧习惯代表了时间运用上价值较低的 80%？（这是删除的另一个好选择。）

_____

_____

步骤 2：设置你的第一个目标

- 目标应该积极、具体且可衡量。

- 目标还应该是可实现和现实的，但你才是决定什么是可实现以及现实的人，这将基于你准备付出多少努力。宏伟的目标都很振奋人心。

- 传统的那种强调目标硬性截止日期的方法注定了很多目标无法完成，因为几乎所有目标都包含了超乎控制之外的时间因素。硬性的截止日期只能在你能控制的任务上使用。

- 如果你一直能够对策略进行调整改变，直到找到真正有效的策略，你就不会失败。失败的唯一方法就是停止尝试。

- 你可以将大目标分解成几个小目标，然后决定你需要做哪些事来实现这些小目标。目标地图是很好的图解方法。

● 将你的目标实现之旅想象成"英雄式旅程",这能让你保持动力。

写下一个大到足以让你感到兴奋和动力十足的目标,你愿意为该目标付出时间和精力。确保用积极的言辞对这个目标进行描述(你想要什么,而不是不想要什么)。

你将如何知道自己已经实现了目标?你将怎样对此进行衡量?

在通往目标的路途中,你需要实现哪三个子目标?你可以在下面列出来,然后用软件或笔和一大张纸来绘制你能想到的为实现每个子目标所需要完成的所有相关任务的目标地图。若有必要,用第 2 章"英雄式旅程"练习和具象化方法来想出更多关于通往成功道路所需步骤的方法(每次重复这两种方法都可能给你带来新想法)。

如果你必须为这个目标取一个超级英雄的名字,你会取什么名字?

目标地图的绘制是整个计划过程中最重要的一步,因此别指望一次就完成地图的绘制工作。在阅读本章其他部分时,你可以一直对地图进行扩张和改进。

步骤 3：检查并改变你的时间模式

- 我们都有一些行为模式，我们会不断重复这些模式，尽管这并不会给我们任何想要的结果。
- 确定阻碍你前进的模式很重要。
- 即使是经常带来负面效果的模式也能给我们一些好处，它通常使我们免受拒绝或失败。
- 一旦明确消极模式带来的好处，你就可以知道如何从积极模式中取得同样的好处。这是保持改变的关键。

回过头来看看你现在的生活，什么模式可能限制了你的成功？这可能和信念、习惯、行为、关系或生活中的其他方面有关。除非你是特雷莎修女、比尔·盖茨和南非前总统纳尔逊·曼德拉三者的共同体，否则你一定会找到限制你成功的模式。在第 3 章中，我们主要讨论了时间利用模式，现在你可以综合起来，进行更全面的考虑。

_____

_____

你认为自己从这些模式中获得了什么好处？

_____

_____

对于这些好处，想出一种不仅能让你获得相同或相似的好处，而且能避免旧模式弊端的方法。这可能需要一些时间进行仔细考虑。

对于你确认的新策略或行为，写下它们将如何帮你实现所设定的目标。

步骤 4：克服最常见的障碍

- 要有更多的时间来实现目标，你必须找到减少花费时间在不太重要事项上的方法。
- 通过找出可以取消的任务或活动，你能够节省 10% 的时间。
- 通过委派任务，你还可以节省 10% 的时间。你可以雇用学生或者使用网上虚拟助手和自由工作者。
- 人们不做一些重要任务的原因是做这些事没有做其他事有趣，但你可以找到使它们变得更为吸引人的方法。
- 将任务分解成小的步骤是让任务不那么令人生畏的方法之一。另一个方法是创造使自己进入过程状态的条件。
- 你还可以利用计划中的零散时间。

为了能够有更多的时间来实现你的目标，你可取消或减少的关于时间利用的一至三种模式是什么？

_____

_____

为了能够有更多的时间实现你的目标，你可委派他人关于时间利用的一至三种模式是什么？同时说明你将委派谁承担工作。

_____

_____

你必须继续做的三件你觉得不愉快或者无聊的工作是什么？

_____

_____

对于每件事，写出一种你能让它更有趣或至少更易忍受的方法。可能的策略包括分解任务、使之与你喜欢做的事情联系起来以及创造心流状态。

_____

_____

步骤 5：利用已奏效的方法

- 在充分利用自己的优势之前，你必须了解自己的优势。

- 专注于利用自己的优势，而不是试图改进自己的劣势。

- 对于任何必须要做的但你通常都做不好的任务，留意在什么不同情况下，自己确实能做好这项任务。利用你从特例中学到的，并使其成为规律。

- 注意事情进展良好的时候，考虑相关因素以便在其他情况下使用相同的方法。
- 当你表现得特别好时，把这项活动和一种声音或者令人愉悦的气味相关联。当你再次需要有如此表现的时候，利用这种声音或者气味来激发正确的情绪。
- 了解自己拥有最好想法的时间和地点。不要忽视白天和晚上所做的梦的贡献。

"总是专注于利用你的优势。"

在你的工作生活中，你的三个最大优势是什么？

_____

_____

_____

在你的个人生活中，你的三个最大优势是什么？

_____

_____

_____

现在你有什么利用这些优势以实现目标的新方法？

_____

_____

选择一件你想要更加清楚的事。花 15 分钟做做关于它的白日梦，不要刻意追求结论，只是让你的思绪游离，然后注意出现的任何想法。

_____

_____

在今晚睡觉前对同样的事或另外一件事提出一个问题。第二天早上，回忆你做的所有梦或者梦的片段，描述它们对这件事有怎样的影响。

_____

_____

步骤 6：最终克服拖延的毛病

- 把事情留到最后关头才做并不是什么问题，除非这会让你错过截止日期、工作质量下降或者让你感到很有压力。
- 拖延通常是因为其他选择的吸引力立竿见影，而你所想逃避的事的回报是以后才能看到的。
- 你可以利用所有感官进行生动的想象，使未来的利益更诱人。
- 你可以创造一个帮你进入正确状态的锚来战胜拖延。
- 如果你并不确定自己拖延的原因，可以通过句子填空技巧让自己了解更多。

- "分解"策略使开始行动和坚持完成任务变得容易。
- 你的个性和"第二自我"策略能帮你实现待办事项清单上的所有事。

拖延对你来说是个问题吗？如果不是，跳过这个部分。否则，写下你经常拖延的三种情况或事情。

_____

_____

_____

对于每种情况，写出你所追求的结果能够产生的吸引人的景象。比如，如果你总是延迟准备纳税申报单（你也无法委派他人做这项工作），尽可能详细地写下完成这项工作所能够带来的轻松感受。

_____

_____

如果你还没这么做，创造一种精神状态或身体状态的锚，让自己在这种情况下能够精力充沛，并准备好处理之前那些不愉快的琐事。如果你需要重温这一过程，可以回过头看看第6章。如果你需要强化锚，只需多做几遍这个练习。

描述你一直拖延的一项今天要做的任务（或者至少打算开始做），以及你要使用的克服自己在这种情况下拖延的冲动。如果你需要更多帮助，返回第6章做（或者重复）句子填空技巧和个性分析联系。

步骤 7：使用"第二自我"策略

- 你有很多不同的性格，这些性格会在不同情况下表现出来。
- 你可以选择在不同时期使用不同性格来确保你想要完成的任务得到最好的处理。
- 给"第二自我"命名能帮助你抓住个性的精髓。比如"匈奴王"、"钱小姐"、"顾问"和"头号恶棍"。

你能给自己个性中的哪三种或更多"第二自我"取什么名字?（你已经为你的超级英雄角色取了名字。）

_____

_____

_____

参照你的目标地图，选择接下来你要采取行动的三个步骤。明确在每个步骤中起作用的"第二自我"。

_____

_____

_____

步骤 8：通过影响他人来获取支持和帮助

- 你可以影响身边的人，使他们能够支持你。
- 人们最渴望的东西是他人的认可。

- 你能够认可他人的方式包括倾听、增加目光接触、用名字称呼他们以及询问他们的观点。
- 奖励你想要对方重复的行为。

生活中，你是否希望能够得到某人更多的支持？如果有，写出他们的名字。

_____

_____

你会使用什么策略来使这些人更加支持你？

_____

_____

你会使用什么方法来对支持你的人或者做着对你很重要的努力的人表示更多的支持？写下这些人的名字和你将使用的方法。

_____

_____

步骤 9：专注于你的语言

- 大多数对话都只不过是交叉的独白。你可以通过认真倾听将它们转变成真正的沟通。
- 通过寻找共同点和巧妙的配合人们的表象系统（视觉、听觉、动觉）来建立融洽的关系。

- 要说服他人，先站在对方的立场，通过先跟后带的方法将他们引导到你的方向上。
- 另外一个有力的沟通工具是重新架构，这意味着改变语境或者从另一个角度诠释问题。
- 你可以针对原因，通过问三个问题的方式来化解对立。
- 当意见不一致时，后退到意见一致的层面，然后基于此寻找解决问题的替换方法。
- 有的人会习惯性地反对任何意见，你可以通过提供可选项或者反向建议的方式处理这种极端的反应。

从你的个人或工作生活中选择三个人，在接下来的几天里和他们一起练习你的倾听技巧。写下他们的名字，根据他们的语言，写出你察觉到的他们的主要表象系统（视觉、听觉、动觉）。

_____

在未来几天里，至少一次通过先跟后带的方式与持不同意见的人就更有建设性或积极意义的意见达成一致。写出你注意到的事和在此过程中学到的东西。

_____

_____

至少找一个使用重新架构方法的机会，无论是和自己或者其他人。同样，写出你注意到的东西。

_____

下一次，当你遭遇反对或者不同意见时，试着使用最可能有效的方法：三个问题方法、退回到上个同意点或者把极端转回到他人身上的方法。写下你注意到的东西。

步骤 10：建立信息专注

- 我们接收到的信息比以往任何时候都多，这造成的噪声污染引发了压力和过重的负担。

- 目的明确时，滤除无关信息会比较容易。

- 有些信息，特别是互联网上的信息，有可能来自偏见的或者带有隐含目的的不实来源。对信息来源进行核查非常重要。

- 如果你了解自己的学习风格，可以选择易于自己处理和吸收的信息。

- 真正的成功人士并不认同随时与外界保持联系的观点。拥有可以思考和反省的安静时间很重要。

过量信息对你来说是个问题吗？如果不是，跳过这一部分。否则，写出给你带来压力的三种信息过载类型。

对于这些问题，从第 10 章中至少选择一种策略来应对信息过量问题（这些策略包括降低噪声、阅读前明确目的以及使用答录机）。

你会做些什么来让自己每天拥有属于自己的时间，你会做些什么让自己有时间进行反思？

步骤 11：征服堆积如山的文案工作

- 如果混乱的办公桌或办公室会带来麻烦，那它就是个问题。

- 一旦你弄清楚自己是更偏向于右脑型或左脑型的人这个问题，你就能相应选择组织工具。

- 理想状态是每份文件只处理一次，但这并不现实。

- 对于右脑型的人而言，能够看到资料的归档系统会更令人满意和有效。

- 你可以利用清单的力量使重复性任务井井有条。
- 你的每日待办事项清单应该仅包含你在当天需要完成的任务。其他任务应放在总清单中。
- 利用日、月文件夹的组合有助于对未来的任务进行计划。

你是否对目前处理文件的系统感到不满？如果不是，跳过这个部分。否则，写出你认为造成最大问题的三件事。

_____

_____

_____

如果你的归档系统没有效果，创建第 11 章中所描述的系统，利用字母和数字的组合以及总清单。这将如何帮你解决刚才所列的问题？

_____

_____

如果你的任务组织和时间安排有问题，创建第 11 章中所描述的 31 天 /12 个月文件夹系统。这将如何帮你解决刚才所列的问题？

_____

_____

如果你的每日待办事项清单没有效果，采用第 11 章中描述的格式，在清单上仅列出你确实需要在当天完成的任务。这将如何帮你解决刚才所列的问题?

_____

_____

如果你或者你共事的人经常需要处理相同的事,建立一个清单系统,通过这种做法,这些问题或者任务可以快速有效地解决。这将如何帮你解决刚才所列的问题?

_____

_____

如果你列举的问题无法通过这些方式解决,回到第 11 章求助于那些特殊情况下的做法。

步骤 12:驯服 "邮件怪兽"

- 每天仅在固定的时间查看邮件。

- 果断进行删除——使用 "第二自我" 策略。

- 引导他人,使其了解你想要的邮件以及不想要的邮件。

- 如有可能,进行委派。

- 建立与真实归档系统类似的邮件归档系统。

- 利用邮件标题栏给出尽可能多的信息。

- 不要用电子邮件发送任何关于他人或自己的敏感信息。

- 在电子邮件中,简要提供语境并具体说出你需要对方采取的行动。

处理电子邮件对你来说是个问题吗？如果不是，跳过这个部分（并且恭喜你）。否则，描述你遇到的关于电子邮件的主要问题（这可能包括必须经常检查邮件的压力、花费太多时间回复邮件等）。

对于这些问题，至少从上面总结的方法中或者第 12 章中找出一种解决策略。

至少选择一种策略并立即予以实施。按照这个方法处理邮件，几天之后，在下面写出结果。

几天之后，增加并实施另一种策略，然后注意结果。

你可以继续这个过程，直到完全控制你的电子邮件。这是一项要求持续敏感性的工作。

步骤 13：掌控会议和社交

- 处理枯燥会议最便利的方式是不去参加这种会议或者仅参加会议中和你相关部分的会谈。
- 会议应有明确的目的和议程、时间限制以及行为准则。后者可以是不能打电话或者发短信。
- 对于头脑风暴会议，为保持观点的持续性，需要遵守四条准则：数量第一、不加评论、记录每件事以及别害怕发展原有观点。
- 尽量保持会议低技术含量（避免使用 PPT）。
- 传统社交会议常常很浪费时间，对很多参会人员来说都是一种折磨。使用"第二自我"策略选择参加其中最有用的 20%。
- 你可以进行虚拟社交，使用互联网、博客、播客和文章来分享你的知识，把人们吸引到你的身边。

○ 会议

你是否觉得会议是个问题？如果不是，跳过这个部分，直接参看社会交往部分。否则，写出给你带来问题的三个最大会议问题。这些可能包括太多的会议、太长的会议和缺乏组织的会议等。

_____

_____

_____

你现在参加的会议中，是否有些不必参加的会议，或者只参加其中一部分的会议？

_____

_____

对于你必须参加的会议，哪些改变最能影响它们的效率？这可能包括设定更加明确的会议议程、强制执行诸如禁止发短信以及消除科技手段等规则。

_____

_____

○ 社交

你是否喜欢结交新朋友？如果是这样，跳过这个部分。如果不是，写出三件你最不喜欢的关于社交的事。

_____

_____

_____

你能运用第 13 章推荐的哪些技巧来使社交不那么痛苦和更有成效？写出能帮助你的一种"第二自我"。

_____

_____

你如何用互联网替代传统社交技巧将人们吸引到身边？如果合适的话，回到你的目标地图，看看这些技巧能运用在哪些方面。

_____

_____

步骤 14：应对最后期限和多项任务

- 解决通往成功所需步骤的最好方法就是从你想要的结果逆向工作。
- 你可以靠经验完善自己对于每项任务或步骤所需时间的预估。
- 在每个步骤的执行过程中运用"3D"准则（删除、委派、执行）。
- 检查，而不是期望。
- 灵活对待实现目标的方法很重要。
- 当问题出现时，隔离问题，并解决问题。
- 如果项目偏离正轨，有建设性地恐慌。
- 在处理多项任务时，寻找任务间的同质性，并对项目进行计时，这样它们的截止日期就不会互相冲突。

此时你可能已经建立了你的目标地图（如果还未完成，现在开始做）。你可以进一步对这些地图进行细化，首先对预计任务所需时间的精确性进行评估。如果你总是低估所需时间，那么给原本的时间加上一些富余，以保证时间不够的情况不再出现。

再次检查地图上的每一步骤，以确保没有错过任何删除或委派的机会。

接下来，在地图上添加检查点，当需对计划中他人所做的贡献部分实施情况进行检查时，你需要检查他们是否按进度完成任务。

如果你追求多个目标，看看所有的目标地图，查看是否有任何可能协同作用的部分，这既能节约时间，也能节约精力。

最后，如果你遇到意料外的障碍，准备好对它们进行隔离，并立即解决这些问题。最后，建设性地恐慌。

步骤 15：保持新发现的注意力

- 保持平衡，为生活中的所有重要方面设定目标。
- 减少睡眠或锻炼时间是不合算的。充足的睡眠和锻炼将有助于全效的工作和娱乐。
- 至少安排一些简短的时间用于放松以减轻压力。
- 玩乐是创造力的重要组成部分。每天找些时间用于玩乐。

你生活中的每个重要部分是否都有目标？如果情况并非如此，想出一些目标以保证生活中的每个重要部分都能得到足够的时间。

健康和健身目标：_____

家庭关系目标：_____

友谊目标：_____

精神目标：_____

社区活动目标：_____

生活中其他重要部分：_____

这些目标都可以使用专注法。

你可以通过什么方式保证自己至少每周三次的健康锻炼？如果目前没有，你打算做些什么计划？

_____

你生活中的何种玩乐方式让你感到轻松快乐？如果目前没有，你将做些什么计划？

_____

这并不是终点，而是开始

这是你以令人称羡的轻松姿态一个接一个实现目标旅程的开始。当你不确定接下来要做些什么时，回过头来看看本书。

如果你有任何问题，请与我联系，我会试着给你提供帮助。

我也很乐意与你分享使用专注策略后你所取得的成功，能够和你一起庆祝成功是我最快乐的事！

思考力丛书

学会提问（原书第 12 版·百万纪念珍藏版）

- 批判性思维入门经典，真正授人以渔的智慧之书
- 互联网时代，培养独立思考和去伪存真能力的底层逻辑
- 国际公认 21 世纪人才必备的核心素养，应对未来不确定性的基本能力

逻辑思维简易入门（原书第 2 版）

- 简明、易懂、有趣的逻辑思维入门读物
- 全面分析日常生活中常见的逻辑谬误

专注力：化繁为简的惊人力量（原书第 2 版）

- 分心时代重要而稀缺的能力
  就是跳出忙碌却茫然的生活
  专注地迈向实现价值的目标

学会据理力争：自信得体地表达主张，为自己争取更多

- 当我们身处充满压力焦虑、委屈自己、紧张的人际关系之中，
  甚至自己的合法权益受到蔑视和侵犯时，
  在"战和逃"之间，
  我们有一种更为积极和明智的选择——据理力争。

学会说不：成为一个坚定果敢的人（原书第 2 版）

- 说不不需要任何理由！
  坚定果敢拒绝他人的关键在于，
  以一种自信而直接的方式让别人知道你想要什么、不想要什么。

Think **different.**
Be different.

于尔根 · 沃尔夫（Jurgen Wolff）

作家、演讲家和咨询顾问，著有《你的写作导师》《做些不一样的事》《创造力，从现在开始！》等书，他的文章借助心理学，介绍了各种能使你更具创造力、更高效的方法和技巧。曾为美国、英国和德国电视台编写了 100 多集电视剧，他的剧本在纽约、伦敦、洛杉矶和柏林等地上演。

|作 者 简 介|

design：奇文雲海 Chival IDEA